广西国家级自然保护区生物多样性

雅长蝴蝶

广西雅长兰科植物国家级自然保护区管理中心
广西壮族自治区农业科学院植物保护研究所 编著

曾宪儒 杨秀星 主编

广西科学技术出版社

图书在版编目（CIP）数据

雅长蝴蝶 / 曾宪儒，杨秀星主编. —南宁：广西科学技术出版社，2023.2

ISBN 978-7-5551-1650-9

Ⅰ. ①雅… Ⅱ. ①曾… ②杨… Ⅲ. ①自然保护区—蝶—广西—图集 Ⅳ. ①Q964.64

中国国家版本馆CIP数据核字（2023）第030876号

雅长蝴蝶

曾宪儒　杨秀星　主编

责任编辑：黎志海　韦秋梅　　封面设计：梁　良

责任印制：韦文印　　责任校对：阁世景

出 版 人：卢培钊

出版发行：广西科学技术出版社　　社　　址：广西南宁市东葛路66号

邮政编码：530023　　网　　址：http://www.gxkjs.com

印　　刷：广西民族印刷包装集团有限公司

开　　本：889 mm × 1194 mm　1/16

字　　数：320千字　　印　　张：16.25

版　　次：2023年2月第1版　　印　　次：2023年2月第1次印刷

书　　号：ISBN 978-7-5551-1650-9

定　　价：268.00元

《雅长蝴蝶》编委会

主　编：曾宪儒　杨秀星

副主编：邓振海　曾　涛　刘世勇　江小冬

编　委（按姓氏笔画排序）：

于永浩　马　鸣　王功幸　王助引

韦小路　韦德卫　邓光耀　龙秀珍

杨飞鹏　杨胜学　杨顺提　杨通贤

李明欢　何　瞻　辛荣仕　陈柚瑾

罗亚进　秦伟志　高旭渊　黄　岚

黄永胜　谭宏生

前言

广西雅长兰科植物国家级自然保护区（以下简称保护区）位于广西西北部的百色市乐业县境内，东接大石围天坑群风景旅游区，西毗南盘江，北起狗论山，南至草王山，区域东西长26.2 km，南北宽18 km，总面积22062 hm^2，是我国唯一专门针对兰科植物保育研究而建立的国家级自然保护区。2005年4月成立自治区级自然保护区，2009年9月经国务院批准晋升为国家级自然保护区。保护区位于我国梯级地势第二级与第三级的过渡地带，地貌类型丰富（喀斯特地貌与中低山地交汇交融），土壤、气候等自然条件优越。特殊的自然环境为兰科植物提供了复杂多样的生境，保护区具有丰富的野生兰科植物，是广西野生兰科植物主要分布地之一，是广西野生兰科植物属种最多、系统发育最完善的自然保护区之一，也是全国野生兰科植物重要分布区及基因库。

蝴蝶是公认的对气候变化最敏感的指示物种之一，为进一步了解保护区蝴蝶种类组成、景观价值，为保护区的规划和生物资源的合理利用提供本底资料，同时也为监测保护区内的环境变化，保护区2016～2018年联合广西壮族自治区农业科学院植物保护研究所对保护区的蝴蝶种类进行调查并出版此书，为保护区工作人员鉴别蝴蝶种类及日后监测提供参考。

蝴蝶种类收集主要采用网捕的方法，将蝴蝶采回做成标本进行鉴定，所有蝴蝶标本均收藏在保护区展示馆。种类鉴定主要参考武春生、徐堉峰主编的《中国蝴蝶图鉴》和周尧主编的《中国蝶类志》，按五科分类系统共鉴定出5科115属201种并附名录，其中有标本图和生态图的共91属147种。书中有标本图的种类介绍分布地点、发生期、寄主植物和主要习性，同时也标明在保护区的采集时间和采集地点。

因采集时间地点有限，书中只呈现保护区部分蝴蝶种类，更多的种类有待日后发现补充。由于编著者水平有限，书中难免有错漏，望读者不吝赐教指正。

编著者

目录

凤蝶科

暖曙凤蝶

Atrophaneura aidonea
（Doubleday，1845）

分　　布： 云南、贵州、海南、广东、广西及西藏东南部等地。还见于南亚次大陆和中南半岛。

发 生 期： 2~8 月。

寄　　主： 马兜铃科木防己属、管花马兜铃、防已马兜铃、戟叶马兜铃、黄毛马兜铃、变色马兜铃、防已马兜铃、管兰香、通城虎、广防己等。

习　　性： 1 年发生 2 代，成虫多见于 2~10 月。成虫栖息于林间及灌木丛旁，飞行缓慢，但受到惊扰后可迅速乘气流逃脱。两性访花，雄蝶有吸水习性。

采集时间： 4~8 月。

采集地点： 乐业一沟、牛坪、黄猄洞。

♂正

♂反

1 cm

粗绒麝凤蝶

Byasa nevilli

（Wood-Mason，1882）

分　　布： 广西、云南、四川等地。还见于印度北部。

发 生 期： 3~8 月。

寄　　主： 马兜铃科防已科木防已属、昆明马兜铃、宝兴马兜铃、西藏马兜铃、背蛇生等。

习　　性： 1 年发生 2 代。成虫栖息于林间空地及灌木丛旁，飞行缓慢，但受到惊扰后可迅速乘气流逃脱，喜访花。卵、幼虫、蛹在 16~31℃范围内均能正常生长发育，尤以 25~28℃条件下最适宜，发育速率与温度呈线性关系。

采集时间： 8 月。

采集地点： 乐业黄猄洞。

♂正

♂反

1 cm

巴黎翠凤蝶

Papilio paris
Linnaeus，1758

分　　布：河南、四川、甘肃、云南、贵州、陕西、海南、广东、广西、浙江、福建、台湾、香港。还见于不丹、缅甸、泰国、柬埔寨、老挝、越南、马来西亚、苏门答腊岛、苏拉威西岛和爪哇岛。

发 生 期：2~10 月。

寄　　主：芸香科柑橘、柚、飞龙掌血、三椏苦、楝叶吴茱萸（贼仔树）、山刈叶等柑橘属、飞龙掌血属、吴茱萸属等。

习　　性：1 年发生多代，成虫多见于 2~10 月。成虫好访白色系的花，也好在臭水沟处群聚嬉戏，一般在常绿林带的高处活动，飞行迅速，警觉性高且很少停息。

采集时间：7 月。

采集地点：乐业一沟、牛坪。

♂正

♂反

1 cm

碧凤蝶

Papilio bianor
Cramer，1777

分　　布： 西南、华南、华中、华北地区。还见于朝鲜、日本、越南、缅甸、印度、马来西亚。

发 生 期： 2~11 月。

寄　　主： 芸香科吴茱萸、楝叶吴茱萸、臭檀吴萸、两面针、花椒、山椒、竹叶椒、飞龙掌血、臭檀、柑橘等。

习　　性： 1 年发生多代。成虫好访白色系的花，也好在臭水沟处群聚嬉戏，一般在常绿林带的高处活动，路线不规则，飞行迅速，警觉性高而且很少停息，难以捕捉。卵散产于寄主植物的叶面背面或小枝枝娅处，柑橘树上每叶产卵 1 粒。

采集时间： 4~8 月。

采集地点： 乐业一沟、二沟、牛坪、黄猄洞。

备　　注： 本种形态变异巨大，国内有 4 个可以区分的亚种。

♂正　　♂反

1 cm

达摩凤蝶

Papilio demoleus Linnaeus，1758

分　　布：湖北、江西、浙江、云南、贵州、四川、海南、广东、广西、福建、台湾。还见于印度、不丹、尼泊尔、斯里兰卡、缅甸、泰国、马来西亚、澳大利亚、新几内亚。

发 生 期：3~11 月。

寄　　主：芸香科柑橘属、山橘树、黄皮、假黄皮、楞叶花椒、光叶花椒等。

习　　性：1 年发生多代，成虫多见于 3~11 月。卵单产，初产时为黄色，后转为黄褐色，临孵化前为黑色。成虫喜访花，常在湿地吸水或花间采蜜。

采集时间：6 月。

采集地点：乐业一沟。

♀正

♀反

1 cm

柑橘凤蝶

Papilio xuthus
Linnaeus，1767

分　　布： 除青藏高原外，我国各地均有分布。还见于缅甸、韩国、日本、菲律宾、越南、夏威夷群岛。

发 生 期： 2~12 月。

寄　　主： 芸香科柑橘属、枸橘、花椒、樗叶花椒、光叶花椒、楝叶吴茱萸、臭檀吴萸、两面针、黄檗等。

习　　性： 1 年发生多代，成虫多见于 2~10 月。成虫有访花习性，经常在湿地吸水或花间采蜜。

采集时间： 6 月。

采集地点： 乐业牛坪、花坪。

♂正　　♂反

1 cm

宽带凤蝶

Papilio nephelus
Boisduval，1836

分　　布：江西、广西、云南、福建、台湾。还见于泰国、缅甸、不丹、尼泊尔、马来西亚、印度尼西亚等地。

发 生 期：4~11 月。

寄　　主：芸香科柑橘属、山黄皮、爪哇双面刺、飞龙血掌、食茱萸、楝叶吴茱萸等。

习　　性：1 年发生 2 代，成虫多见 4~10 月。成虫栖息于林缘、溪谷、农田、乡间小道等环境，喜访花、吸食粪便或吸水，常与其他种类的蝶群一起吸水。

采集时间：6~11 月。

采集地点：乐业一沟、二沟、牛坪、红田南干村、花坪。

♂正

♂反

1 cm

蓝凤蝶

Papilio protenor
Cramer，1775

分　　布：秦岭以南各省（自治区、直辖市）。还见于印度、尼泊尔、不丹、缅甸、越南、朝鲜、日本。

发 生 期：2~12月。

寄　　主：芸香科簕档花椒、光叶花椒、簕党花椒、柑橘、柚、花山小橘、大红花等。

习　　性：1年发生多代，成虫多见于4~10月。成虫常活动于林间开阔地，喜访花；雄蝶喜欢吸水，飞行较迅速，路线不规则。

采集时间：4~8月。

采集地点：乐业黄猄洞、一沟、二沟、牛坪、拉雅沟、红田南干村、花坪。

♂正

♂反

1 cm

美凤蝶

Papilio memnon
Linnaeus，1758

分　　布：四川、云南、湖北、湖南、浙江、江西、海南、广东、广西、福建、台湾等地。还见于日本、印度、缅甸、泰国等地。

发 生 期：3~12 月。

寄　　主：芸香科柑橘类、柚、黄皮、两面针、食茱萸、杨桃、丝栗、酒饼簕等。

习　　性：1 年发生多代，以蛹越冬。成虫全年可见。成虫喜访花采蜜；常出现在庭院花丛中，经常按固定的路线飞行而形成蝶道；雄蝶飞翔力强，很活泼，多在旷野地方狂飞；雌蝶飞行缓慢，常滑翔式飞行；喜吸水，常与其他种类的群蝶一起吸水。

采集时间：8~11 月。

采集地点：乐业一沟、牛坪。

♀正

♀反（有尾型）

1 cm

♂正

♂反（无尾型）

1 cm

斑凤蝶

Chilasa clytia
Linnaeus，1758

分　　布：长江以南各省（自治区、直辖市）及台湾等地。还见于印度、泰国等南亚次大陆至马来群岛地区。

发 生 期：3~11月。

寄　　主：樟科香樟、潺槁、大叶桂、潺槁木姜子、肉桂、楠木树、玉兰叶木姜子、黄樟等。

习　　性：1年发生多代，成虫多见于3~10月。成虫栖息于林间空地、灌丛旁、草地或农田附近，飞行迅速。成虫模拟斑蝶，两性喜访花，雄蝶具吸水习性。

采集时间：8月。

采集地点：乐业花坪。

♀正

♀反

1 cm

玉斑凤蝶

Papilio helenus

Linnaeus，1758

分　　布： 南方各省（自治区、直辖市）。还见于日本南部、朝鲜南部、印度西北部、缅甸、斯里兰卡、印度尼西亚、泰国等。

发 生 期： 2~11 月。

寄　　主： 芸香科簕柑橘属、花椒属、飞龙掌血属、党花椒、黄檗、楝叶吴茱萸、黄檗、两面针等。

习　　性： 1 年 2 代至多代，热带成虫多见于 2~11 月，亚热带成虫多见于 5~9 月。成虫飞行急速，喜访马缨丹、臭牡丹和柑橘类植物的花；雄成虫常群聚于山路湿地或河滩吸食污水，并不断自肛门排出液体。老熟幼虫多在寄主植物小枝或叶片中脉下化蛹。

采集时间： 4~8 月。

采集地点： 乐业一沟。

♂正

♂反

1 cm

玉带凤蝶

Papilio polytes

Linnaeus，1758

分　　布： 台湾、香港、长江以南各省（自治区、直辖市）。还见于巴基斯坦、印度、尼泊尔、斯里兰卡、缅甸、泰国、日本、越南、老挝、柬埔寨、文莱、印度尼西亚、菲律宾等。

发 生 期： 2~12 月。

寄　　主： 茄科枸杞，芸香科黄皮、酒饼簕、两面针、柑橘、柚、枳、黄皮、花椒、山椒、光叶花椒、山胡椒、假黄皮、山小橘、飞龙掌血等。

习　　性： 1 年发生 2 代至多代。热带成虫多见于 2~11 月，亚热带成虫多见于 5~9 月。成虫喜爱访花，尤其是马缨丹、龙船花、茉莉等，常于阳光普照时在花园出现；雄蝶喜吸水，收集土壤中的矿物质。

采集时间： 4 月。

采集地点： 乐业雅长兰花园。

♂正

♂反

1 cm

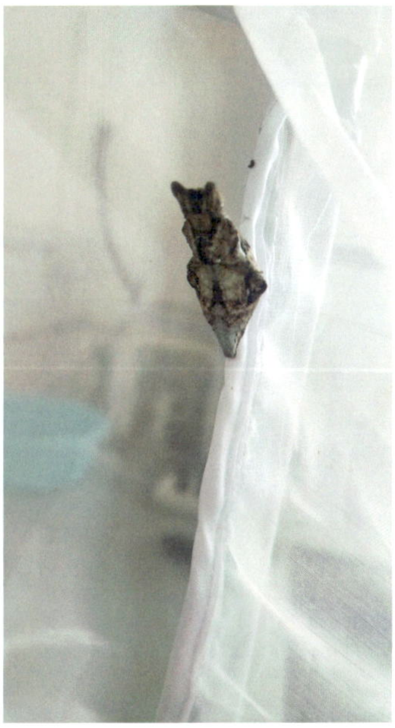

燕凤蝶

Lamproptera curia
（Fabricius，1787）

分　　布： 四川、云南、海南、广东、广西、香港。还见于印度、不丹、缅甸、泰国、柬埔寨、越南、印度尼西亚、马来西亚、菲律宾。

发 生 期： 2~11 月。

寄　　主： 使君子科、樟科及莲叶桐科青藤、心叶青藤、红花青藤、宽药青藤等。

习　　性： 1 年发生 3~4 代，成虫最早于 2 月下旬发生。成虫常在水资源丰富处飞行，飞行速度快，一般沿林中小径或离地面不高的地方飞行，常常向前冲或向后退。成虫飞行技巧高超，可在空中悬停或急转，所以也称蜻蜓蝶；在水面上飞舞摆动，常从腹末有节奏地射出水液，喜成群结队在水边吸水；喜访花吸蜜，在吸蜜前双翅不停振动，尾部亦摆动不停，停在花上时腹部高高翘起。卵淡绿色、半透明，散产于寄主植物叶片背面，每头成虫产卵 10 粒左右。幼虫栖息在叶的背面；幼龄幼虫有在叶中侧部开圆孔取食的习性；老熟幼虫在寄主植物附近的其他植物的叶背面化蛹。

采集时间： 4~8 月。

采集地点： 乐业一沟、二沟。

♂正

♂反

1 cm

宽带青凤蝶

Graphium cloanthus
（Westwood，1845）

分　　布： 秦岭以南各省（自治区、直辖市）。还见于泰国、缅甸、越南、老挝等。

发 生 期： 2~10 月。

寄　　主： 樟科樟、大叶楠、香楠、红楠、芳香桢楠、阴香。

习　　性： 1 年发生多代。成虫栖息于中低海拔山地、河谷或平原地区，花圃和溪流处常见。雄蝶具吸水习性，雌蝶访花。

采集时间： 6~10 月。

采集地点： 乐业一沟、二沟、牛坪、红田南干村、花坪。

♂正

♂反

1 cm

青凤蝶

Graphium sarpedon
（Linnaeus，1758）

分　　布：陕西、四川、西藏、云南、贵州、湖北、湖南、重庆、江西、江苏、浙江、海南、广东、广西、福建、台湾、香港。还见于日本、尼泊尔、不丹、印度、缅甸、泰国、马来西亚、印度尼西亚、斯里兰卡、菲律宾、澳大利亚。

发 生 期：3~11 月。

寄　　主：番荔枝科番荔枝，樟科樟树、潺槁木姜子、潺槁、小梗木姜子、沉水樟、假肉桂、天竺桂、红楠、香楠、大叶楠、山胡椒等。

习　　性：1 年发生多代且世代重叠，以蛹越冬。成虫 3~11 月出现，热带地区终年可见。飞翔力强，常在中低海拔的潮湿与开阔地带活动，在庭园、花圃及树林空地也常见，有时早上和黄昏常结队在潮湿处及水池旁憩息；喜访花吸蜜，常见于马缨丹属 *Lantana*、醉鱼草属 *Buddleja* 及七叶树属 *Aesculus* 等植物的花上吸食花蜜。成虫常将卵单产于寄主植物的新芽末端。老熟幼虫在寄主植物枝干或附近杂物阴凉处化蛹。

采集时间：6~11 月。

采集地点：乐业一沟、二沟、黄猄洞、花坪。

♂正

♂反

1 cm

统帅青凤蝶

Graphium agamemnon

（Linnaeus，1758）

分　　布： 浙江、福建、四川、云南、海南、广东、广西、台湾。还见于印度、缅甸、泰国、马来西亚、新几内亚、印度尼西亚、澳大利亚和太平洋诸岛。

发 生 期： 4~11 月。

寄　　主： 樟科香润楠，木兰科洋玉兰、白玉兰、台湾含笑、景列含笑，番荔枝科山刺番荔枝、番荔枝、牛心番荔枝、鹰爪花、假鹰爪、越南酒饼叶、紫玉盘等。

习　　性： 1 年发生多代，成虫多见于 4~10 月。成虫栖息于林缘、溪谷等环境，喜访花。

采集时间： 6 月。

采集地点： 乐业一沟。

♀正

♀反

1 cm

客纹凤蝶

Paranticopsis xenocles
（Doubleday，1842）

分　　布：云南、海南和广西。还见于印度、缅甸、不丹等南亚次大陆至马来半岛广大区域。

发 生 期：4~6月。

寄　　主：番荔枝科植物。

习　　性：1年发生2代，成虫多见于4~6月。成虫栖息于林地边缘和溪边，飞行缓慢，雌蝶访花，雄蝶有吸水习性。

采集时间：6月。

采集地点：乐业一沟。

♂正

♂反

1 cm

绿凤蝶

Pathysa antiphates
（Cramer，［1775］）

分　　布：广西、广东等长江以南各省（自治区、直辖市）。还见于印度、泰国等南亚次大陆至马来群岛等地。

发 生 期：2~11 月。

寄　　主：番荔枝科假鹰爪、大花紫玉盘、紫玉盘、越南酒饼叶，木兰科黄兰。

习　　性：1 年发生 2 代，成虫多见于 2~11 月。成虫栖息于林地和溪流边缘，飞行迅速、行为机敏。雄蝶有吸水习性，雌蝶访花。

采集时间：8 月。

采集地点：乐业一沟。

♂正

♂反

1 cm

粉蝶科

梨花迁粉蝶

Catopsilia pyranthe

（Linnaeus，1758）

分　　布：广东、广西、海南、云南、香港等地。还见于南亚次大陆至马来西亚及菲律宾等。

发 生 期：1~12 月。

寄　　主：豆科野扁豆，苏木科望江南、伞房决明、粉叶决明、黄花决明、木麻黄、铁刀木、花栏木、杨桃、滇赤杨叶等。

习　　性：1 年发生多代，全年可见。成虫多栖息于河谷开阔区，飞行极迅速而跳跃；雄蝶常聚集在潮湿地面或溪边吸水，两性均访花。

采集时间：6~11 月。

采集地点：乐业一沟、牛坪、花坪。

♀正

♀反

1 cm

黑角方粉蝶

Dercas lycorias

（Doubkeday，1842）

分　　布： 广西、广东。还见于越南北部。

发 生 期： 4~11 月。

寄　　主： 鼠李科、豆科等植物。

习　　性： 一年发生 2 代，成虫多见于春季。成虫栖息于林缘开阔地，飞行较迅速，喜访花和在潮湿地面吸水。

采集时间： 4~6 月。

采集地点： 乐业一沟、牛坪。

♂正

♂反

1 cm

橙黄豆粉蝶

Colias fieldii
Ménétriès，1855

分　　布： 甘肃、青海、陕西、山东、山西、内蒙古、河南、湖北、四川、广西、云南等地。还见于印度、尼泊尔等。

发 生 期： 4~11 月。

寄　　主： 白花菜科及豆科白车轴草、苜蓿、野豌豆等。

习　　性： 成虫多见于 4~10 月。成虫飞行迅速，喜访花和聚集在潮湿的地表吸水，从平原到高海拔地区均有分布。

采集时间： 6~11 月。

采集地点： 乐业一沟、牛坪、花坪、雅长兰园。

♀正

♀反

1 cm

安迪黄粉蝶

Eurema andersoni
（Moore，1886）

分　　布： 云南、广西、海南、台湾等地。还见于东洋区。
发 生 期： 4~11 月。
寄　　主： 鼠李科翼核果属翼核果、光果翼核果。
习　　性： 1 年发生多代，成虫几乎全年可见。成虫常栖息于热带常绿季雨林、山地、溪边，喜访花和聚集吸水，飞行缓慢，但警觉性极高，难以接近。
采集时间： 6~7 月。
采集地点： 乐业一沟、二沟、牛坪。

♀正

♀反

1 cm

北黄粉蝶

Eurema mandarina
（de l'Orza，1869）

分　　布： 台湾、福建、广西、海南、香港。还见于日本及朝鲜半岛。

发 生 期： 4~11 月。

寄　　主： 豆科胡枝子属，鼠李科雀梅藤、小叶鼠李等。

习　　性： 1 年发生多代，成虫几乎全年可见。成虫适应能力强，飞行缓慢，喜访花。

采集时间： 4~11 月。

采集地点： 乐业牛坪、黄猄洞。

♂正

♂反

1 cm

檗黄粉蝶

Eurema blanda
（Boisduval，1836）

分　　布： 西藏、云南、湖南、广东、广西、福建、海南、台湾、香港等地。还见于东洋区和澳洲区的北部。

发 生 期： 3~11 月。

寄　　主： 豆科，木兰科醉香含笑，马鞭草科石梓，云实科铁刀木、格木、凤凰木、粉叶决明、火力楠、格郎央、顶果树，含羞草科合欢、黄豆树、香合欢、猴耳环等。

习　　性： 1 年发生多代，成虫全年可见，数量多。卵散产，幼虫群居，常集中在小范围内化蛹。成虫多在低处活动，飞行缓慢，喜访花。适应力强，在各种环境出现。

采集时间： 3~11 月。

采集地点： 乐业一沟、花坪、拉雅沟。

♀正

♀反

1 cm

尖角黄粉蝶

Eurema laeta

（Boisduval，1836）

分　　布： 福建、浙江、上海、山东、广东、广西、贵州、江西、海南、云南、香港等地。还见于泰国、缅甸、越南等亚洲大陆的热带和亚热带地区。

发 生 期： 4~11 月。

寄　　主： 豆科牛旧藤，含羞草科美洲含羞草、含羞草决明，蝶形花科山扁豆、胡枝子等。

习　　性： 1 年发生多代，成虫几乎全年可见。成虫一般生活于草地、灌木丛，飞行缓慢，喜访花。

采集时间： 4~11 月。

采集地点： 乐业一沟、牛坪、红田南干村、花坪、雅长兰园、拉雅沟、落花生屯。

♂正

♂反

1 cm

宽边黄粉蝶

Eurema hecabe

（Linnaeus，1758）

分　　布：全国广泛分布。还见于日本、韩国、印度、尼泊尔、阿富汗、斯里兰卡、越南、缅甸、泰国、柬埔寨、孟加拉国、菲律宾、新加坡、马来西亚、印度尼西亚、澳大利亚及非洲。

发 生 期：2~12 月。

寄　　主：黄牛木、雀梅藤、柳树、田菁、截叶铁扫帚、大叶合欢、银合欢、阔荚合欢、山合欢、合欢、朱缨花、黑面神、小叶黑面神、土密树、决明、黄牛木、雀梅藤、胡枝子、云实、山扁豆、皂荚、南洋楹、黄槐、兰果木、白格、黑荆树、青冈栎、决明、粉叶决明等。

习　　性：1 年发生多代，成虫几乎全年可见，数量多。成虫大多在低处开阔地活动，飞行缓慢，但警觉性极高，难以接近，喜访花及在地面吸水。

采集时间：4~12 月。

采集地点：乐业一沟、二沟、牛坪、红田南干村、花坪、雅长兰园、拉雅沟、落花生屯。

♀正

♀反

1 cm

无标黄粉蝶

Eurema brigitta
（Stoll，［1870］）

分　　布： 江苏、安徽、江西、福建、海南、广西、广东、四川、贵州、云南等地。还见于朝鲜、日本、越南、缅甸、泰国、马来西亚、印度及非洲等。

发 生 期： 4~11 月。

寄　　主： 金丝桃科狭叶金丝桃，豆科决明、含羞草决明、海红豆、赤才、亮叶围涎树等。

习　　性： 1 年发生多代，成虫几乎全年可见。成虫大多在低处活动，飞行缓慢，喜访花。

采集时间： 8~11 月。

采集地点： 乐业一沟、牛坪、花坪。

♀正

♀反

1 cm

橙粉蝶

Ixias pyrene

（Linnaeus，1764）

分　　布： 海南、广东、广西、云南、福建、台湾、江西等地。还见于不丹、尼泊尔、印度、缅甸、越南、马来西亚、印度尼西亚、菲律宾等。

发 生 期： 4~12 月。

寄　　主： 山柑科广州槌果藤、青皮刺、加罗林鱼木、野香橼花、鱼木、母生、紫龙须、青皮刺等。

习　　性： 1 年发生多代，成虫几乎全年可见，但夏季较多。成虫栖息于林缘，喜在开阔地和溪边飞行，跳跃机敏，有访花的习性；雄蝶常在潮湿地面或少量聚集在溪边吸水。

采集时间： 6~11 月。

采集地点： 乐业一沟、牛坪。

♂正

♂反

1 cm

报喜斑粉蝶

Delias pasithoe
（Linnaeus，1767）

分　　布：福建、广东、广西、海南、云南、台湾等地。还见于印度、不丹、泰国、越南、缅甸、菲律宾、马来西亚、印度尼西亚。

发 生 期：1~12 月。

寄　　主：檀香科寄生藤，桑寄生科广寄生、桑寄生藤、毛叶钝果寄生、木兰寄生，千屈菜科海桑、无瓣海桑，桑科大叶榕、小叶榕，豆科马占相思、大叶相思，以及小叶樟、木麻黄、桃树等。

习　　性：1 年发生多代。成虫全年可见，多在早晨或上午羽化，在中午交尾，天气晴朗时活动频繁。成虫喜阳光，飞行较慢，常访花，但高温会降低成虫的活动能力。成虫产卵块于叶面，每块有卵 60~100 粒，按一定的距离排列成行。老熟幼虫分散或成串在寄主枝叶上和周围的杂草上化蛹。

采集时间：6~11 月。

采集地点：乐业一沟、二沟、牛坪、花坪。

♂正

♂反

1 cm

艳妇斑粉蝶

Delias belladonna
（Fabricius，1793）

分　　布：浙江、福建、湖南、河南、广东、广西、贵州、江西、香港、海南、云南等地。还见于泰国、缅甸、越南、老挝、印度尼西亚、马来西亚等。

发 生 期：4~11 月。

寄　　主：桑寄生科短梗钝果寄生、花苞寄生、长花桑寄生、灰叶桑寄生、木兰寄生、长花桑寄生、灰叶桑寄生。

习　　性：成虫多见于 4~11 月。成虫喜访花，喜在树荫下飞舞活动；雄蝶喜在潮湿地区吸水补充营养。

采集时间：4~8 月。

采集地点：乐业一沟、牛坪、花坪。

♀正

♀反

1 cm

白翅尖粉蝶

Appias albina

（Boisduval，1836）

分　　布： 华南、西南、华中、华东等地。还见于东洋区、印度及澳洲地区的大陆及岛屿。

发 生 期： 4~10 月。

寄　　主： 蔷薇科山楂属及鱼木、大戟、台湾假黄杨、萝藦、铁色等。

习　　性： 1 年发生多代。成虫栖息于林地边缘，飞行极快速，难于捕抓，两性喜访花。雄蝶常在潮湿地面吸水。

采集时间： 4~6 月。

采集地点： 乐业牛坪。

♂正

♂反

1 cm

锯粉蝶

Prioneris thestylis
（Doubleday，1842）

分　　布：南方各省（自治区、直辖市）。还见于南亚次大陆至马来半岛。

发 生 期：4~10 月。

寄　　主：山柑科野香橼花、鱼木、独行千里、白花菜等。

习　　性：1 年发生多代，成虫多见于夏季。成虫常栖息于热带常绿季雨林、热带山地雨林。

采集时间：6 月。

采集地点：乐业二沟、牛坪。

♂正

♂反

1 cm

大翅绢粉蝶

Aporia largeteaui

（Oberthür，1881）

分　　布： 陕西、河南、浙江、湖南、湖北、江西、广东、广西、四川、云南等地。

发 生 期： 4~11 月。

寄　　主： 白花菜科、蔷薇科、大戟科、禾本科、莎草科牧草、小檗科十大功劳属等植物。

习　　性： 1 年发生多代，成虫多见于 5~7 月。成虫栖息于中亚热带南部山地，海拔 400~600 m 的针、阔、毛竹混交林中，成虫飞翔较慢，喜访花。成虫将卵集中产于寄主植物老叶的反面，卵块 30~80 枚卵粒。幼虫常成群啃食叶片，以幼虫越冬。

采集时间： 4 月。

采集地点： 乐业雅长兰园。

♂正

♂反

1 cm

青园粉蝶

Cepora nadina
（Lucas，1852）

分　　布： 四川、广东、广西、云南、海南、台湾。还见于尼泊尔、越南、老挝、柬埔寨、泰国。

发 生 期： 4~11 月。

寄　　主： 山柑科独行千里、尖叶槌果藤、小刺山柑 、台湾山柑、锐叶山柑等。

习　　性： 1 年发生多代，多出现于林区。成虫喜访花，飞行缓慢，容易捕捉。

采集时间： 8~11 月。

采集地点： 乐业一沟、拉雅沟。

♂正

♂反

1 cm

菜粉蝶

Pieris rapae

（Linnaeus，1758）

分　　布： 全国各地均有分布。还见于日本、朝鲜、俄罗斯，美洲北部、印度北部、欧亚大陆及非洲北部。

发 生 期： 2~12 月。

寄　　主： 十字花科芸苔属、木樨草、野甘蓝、山芥、芥菜、辣根、独行菜及白花菜科、金莲花科、菊科、旋花科、百合科、茄科、藜科、苋科等。

习　　性： 1 年发生多代，成虫多见于 2~12 月。以蛹越冬，越冬蛹羽化时间由北向南逐渐提早，趋势十分明显；越冬蛹一般在 2 月中下旬羽化。成虫好访花，飞行缓慢，常在寄主周围活动，雄蝶有领域行为。本种有明显的季节和个体变异。

采集时间： 4~11 月。

采集地点： 乐业一沟、二沟、牛坪、花坪、雅长兰园、拉雅沟、黄猄洞。

♂正

♂反

1 cm

东方菜粉蝶

Pieris canidia

（Sparrman，1768）

分　　布： 全国各地均有分布。还见于韩国、越南、老挝、缅甸、柬埔寨、泰国、土耳其等。

发 生 期： 2~12 月。

寄　　主： 旱金莲科旱金莲属，夹竹桃科糖胶树，白菜花科芸苔属、白菜、萝卜、芥菜、碎米荠、蔊菜、无瓣蔊菜、野甘蓝、硬毛南芥、白花甘蓝（芥蓝），白花菜科羊角菜、皱子白花菜、醉蝶花、黄花草。

习　　性： 1 年发生多代。以蛹越冬；越冬蛹一般在 2 月中下旬开始羽化。成虫好访花，飞行缓慢，常在寄主周围活动。

采集时间： 4~11 月。

采集地点： 乐业一沟、二沟、牛坪、花坪、雅长兰园、拉雅沟、黄猄洞。

♂正

♂反

1 cm

黑纹粉蝶

Pieris melete
Ménétriès，1857

分　　布： 河北、上海、浙江、安徽、福建、广西、黑龙江、河南、江西、云南、青海、西藏等地。还见于日本、朝鲜、西伯利亚地区。

发 生 期： 4~11 月。

寄　　主： 十字花科油菜、白菜、甘蓝、芥菜、萝卜等栽培及野生植物。

习　　性： 1 年发生多代，成虫多见于 2~9 月。以蛹越夏和越冬。越夏代成虫期、羽化期、产卵期长，有世代重叠现象。成虫白天飞翔，取食花蜜，夜晚栖息在植物上。

采集时间： 6~11 月。

采集地点： 乐业一沟、牛坪、花坪、雅长兰园、拉雅沟、黄猄洞。

♀正

♀反

1 cm

云粉蝶

Pontia edusa
（Fabricius，1777）

分　　布：黑龙江、吉林、辽宁、新疆、青海、陕西、宁夏、内蒙古、河北、河南、山西、山东、江西、浙江、广东、广西、四川、贵州、西藏等。还见于北非、西亚、中亚、小亚细亚、西伯利亚等。

发 生 期：4~10月。

寄　　主：十字花科木樨草属、大蒜芥属、欧白芥属、庭芥属、萝卜、白菜、甘蓝、油菜、荠菜、沼生薄菜、花旗杆、芸薹、北美独行菜等。

习　　性：成虫多见于4~11月，喜访花，常在有阳光的地方出没，喜在寄主不远处活动。

采集时间：4~6月。

采集地点：乐业花坪。

♀正

♀反

1 cm

鹤顶粉蝶

Hebomoia glaucippe

（Linnaeus，1758）

分　　布： 我国南方各地。还见于南亚次大陆至马来群岛及菲律宾群岛广大地区。

发 生 期： 4~11 月。

寄　　主： 山柑科槌果藤、青皮刺、独行千里、兰屿山柑、野香橼花、鱼木、镰叶鱼木等。

习　　性： 1 年发生多代，成虫多见于夏季。成虫栖息于森林边缘，喜在开阔地和溪边飞行，飞行迅速而跳跃。两性访花，雄蝶常在潮湿地面或溪边少数聚集吸水。

采集时间： 8 月。

采集地点： 乐业一沟、花坪。

♂正

♂反

1 cm

蛱蝶科

暮眼蝶

Melanitis leda

（Linnaeus，1758）

分　　布：长江以南各省（自治区、直辖市）。还见于东洋区、非洲和欧洲北部。

发 生 期：4~12 月。

寄　　主：禾本科芒属、莠竹属、玉米、水稻、甘蔗、五节芒、游草、芭茅等。

习　　性：1 年发生多代，成虫在我国南方全年可见。成虫飞行快速，多在晨昏活动，日间并不活跃，受干扰时短距离低飞，喜吸食树液和腐果。该碟有旱季型和湿季型，翅斑纹变化大。

采集时间：4~12 月。

采集地点：乐业一沟、牛坪、花坪、拉雅沟、落花生屯。

♀正

♀反

1 cm

白带黛眼蝶

Lethe confusa
Aurivillius，1897

分　　布：浙江、福建、广西、广东、四川、贵州、云南、海南、香港等地。还见于南亚至东南亚地区。

发 生 期：4~12 月。

寄　　主：禾本科芒属、莠竹属刚莠竹等。

习　　性：1 年发生多代，成虫几乎全年可见。成虫常在竹林中活动，喜阴暗潮湿的环境，生性机敏，飞行较迅速，喜吸食动物粪便及腐果。

采集时间：6~11 月。

采集地点：乐业一沟、牛坪、红田南干村、拉雅沟。

♂正

♂反

1 cm

曲纹黛眼蝶

Lethe chandica
Moore，［1858］

分　　布： 福建、浙江、广东、广西、云南、台湾、西藏等地。还见于印度、泰国、越南、缅甸、老挝、菲律宾等地。

发 生 期： 1~12 月。

寄　　主： 禾本科五节芒、台风草及箬竹、刚莠竹、台湾矢竹、绿竹、桂竹、等多种竹属植物。

习　　性： 1 年发生多代，成虫全年可见。成虫栖息在温带、亚热带、热带森林，常在竹林中活动，喜欢阴暗潮湿的环境。成虫生性机敏，飞行迅速，喜欢吸食腐果及动物粪便，有吸水习性。

采集时间： 8~11 月。

采集地点： 乐业花坪、牛坪。

♂正

♂反

1 cm

玉带黛眼蝶

Lethe verma

（Kollar，［1844］）

分　　布： 浙江、福建、广西、广东、四川、贵州、云南、海南、台湾等地。还见于印度、尼泊尔、泰国、缅甸、越南、马来西亚等。

发 生 期： 2~10 月。

寄　　主： 禾本科莠竹、台湾桂竹、散穗弓果黍等。

习　　性： 成虫多见于 5~8 月。成虫栖息于热带半落叶树林和山地间，喜阴暗潮湿的环境，成虫生性机敏，飞行迅速，常黄昏出没，喜欢吸食粪水。

采集时间： 4~11 月。

采集地点： 乐业牛坪。

♂正

♂反

1 cm

阿芒荫眼蝶

Neope armandii
（Oberthür，1876）

分　　布： 福建、江西、浙江、广东、广西、四川、云南等地。还见于印度、泰国、越南、缅甸等。

发 生 期： 3~10 月。

寄　　主： 禾本科竹亚科、芒、佛肚竹等植物。

习　　性： 1 年发生 1 代，成虫多见于 3~10 月。成虫栖息于林下、林缘、溪谷等环境，喜吸食动物残体或在地面吸水。

采集时间： 8 月。

采集地点： 乐业牛坪。

♂正

♂反

1 cm

蒙链荫眼蝶

Neope muirheadi
（C. Felder & R. Felder，1862）

分　　布： 福建、湖北、河南、江西、浙江、江苏、安徽、广东、广西、贵州、四川、陕西、香港等地。还见于印度、泰国、越南、缅甸、老挝等。

发 生 期： 2~10 月。

寄　　主： 禾本科水稻、刚莠竹，竹亚科绿竹、桂竹，及马尾松、油茶等。

习　　性： 1 年发生 1 代，成虫多见于 4~10 月。成虫栖息于林下、林缘、溪谷等环境。成虫喜吸食动物残体或在地面吸水。

采集时间： 4~11 月。

采集地点： 乐业花坪、雅长兰园、落花生屯。

♂正

♂反

1 cm

蓝斑丽眼蝶

Mandarinia regalis
（Leech，1758）

分　　布：福建、湖北、河南、江西、浙江、安徽、广东、广西、海南等地。还见于印度、泰国、越南、缅甸、老挝等地。

发 生 期：2~12 月。

寄　　主：天南星科石菖蒲、金钱蒲。

习　　性：成虫多见于 5~8 月。成虫栖息在亚热带、热带森林，喜欢在林间低矮处和沿着溪谷活动，喜欢互相追逐，生性机敏，受惊扰后飞行快速，常停栖于林间小道旁的叶片上。成虫喜食腐烂水果。

采集时间：11 月。

采集地点：乐业牛坪。

♂正

♂反

1 cm

拟稻眉眼蝶

Mycalesis francisca

（Stoll，［1780］）

分　　布： 东北、华东、华南及西南各地。还见于泰国、缅甸、印度东北部、中南半岛北部、古北区东部。

发 生 期： 4~11 月。

寄　　主： 禾本科水稻、竹叶草、棕叶狗尾草、白茅、芒、竹等。

习　　性： 1 年发生多代，成虫在南方全年可见。本种为森林性物种，多只局限在较高海拔出没。成虫飞行缓慢而具跳跃感，多在林缘和密林中活动，受扰时只做近距离低飞。成虫喜欢吸食腐烂水果。

采集时间： 4~7 月。

采集地点： 乐业一沟、红田南干村、雅长兰园、落花生屯。

♂正

♂反

1 cm

小眉眼蝶

Mycalesis mineus
（Linnaeus，1758）

分　　布： 长江以南各地。还见于东洋区。

发 生 期： 2~12 月。

寄　　主： 禾本科竹亚科、刚莠竹、李氏禾、鸭嘴草、柳叶箬、金丝草等。

习　　性： 1 年发生多代，成虫在我国南方全年可见。成虫飞行缓慢具跳跃感，多在地面附近活动，受扰时只做近距离低飞。成虫栖息于各种生境，包括林缘、密林、草原、市郊荒地等。

采集时间： 6 月。

采集地点： 乐业一沟。

♂正

♂反

1 cm

平顶眉眼蝶

Mycalesis panthaka
Fruhstorfer，1908

分　　布：江西、福建、浙江、广东、广西、贵州、海南、云南、香港等地。还见于中南半岛。

发 生 期：1~12 月。

寄　　主：禾本科棕叶狗尾草、竹叶草、马唐、求米草、藤竹草、柳叶箬等。

习　　性：1 年发生多代，成虫全年可见。成虫飞行缓慢而具跳跃感，多在地面附近活动，栖息于荒地、草原、林缘、密林等。

采集时间：4~6 月。

采集地点：乐业一沟、花坪、拉雅沟。

♂正

♂反

1 cm

大理石眉眼蝶

Mycalesis mamerta
（Stoll，［1780］）

分　　布：云南、广西等地。还见于不丹、泰国、缅甸、印度北部、中南半岛北部。

发 生 期：4~12 月。

寄　　主：禾本科植物。

习　　性：1 年发生多代，成虫全年可见。成虫飞行缓慢而具跳跃感，栖息于荒地、草原、林缘、密林等。

采集时间：4 月。

采集地点：乐业一沟。

♂正

♂反

1 cm

瞿眼蝶

Ypthima balda

（Fabricius，1775）

分　　布： 福建、浙江、广东、广西、贵州、江西、香港、海南、云南、陕西、甘肃等地。还见于南亚和东南亚广大地区。

发 生 期： 4~11 月。

寄　　主： 禾本科两耳草、毛马唐、刚莠草、金丝草、结缕草、柳叶箬、棕叶狗尾草（台风草）及漆树科芒果。

习　　性： 1 年发生多代，成虫几乎全年可见。成虫栖息于林下、林缘、荒地等环境，喜访花。

采集时间： 4~11 月。

采集地点： 乐业一沟、牛坪、红田南干村、花坪、雅长兰园、拉雅沟。

♂正

♂反

1 cm

密纹瞿眼蝶

Ypthima multistriata Butler，1883

分　　布：辽宁、北京、湖北、河南、江西、浙江、安徽、福建、广东、广西、贵州、四川、云南、台湾等地。还见于日本及朝鲜半岛等地。

发 生 期：4~11 月。

寄　　主：禾本科芒、棕叶狗尾草等植物。

习　　性：1 年发生 1 代，成虫多见于 4~11 月，热带地区几乎全年可见。成虫栖息于林下、林缘、荒地等环境，喜访花。

采集时间：4~8 月。

采集地点：乐业牛坪、花坪、拉雅沟。

♂正

♂反

1 cm

幽矍眼蝶

Ypthima conjuncta
Leech，1891

分　　布： 福建、湖北、河南、江西、浙江、安徽、广东、广西、贵州、四川、陕西、台湾等地。

发 生 期： 4~11 月。

寄　　主： 禾本科植物。

习　　性： 1 年发生 1 代，成虫多见于 5~9 月。成虫栖息于林下、林缘、荒地等，喜访花。

采集时间： 4~11 月。

采集地点： 乐业一沟、牛坪、红田南干村、花坪、雅长兰园、拉雅沟。

♂正

♂反

1 cm

多型艳眼蝶

Callerebia polyphemus
（Oberthür，1876）

分　　布： 福建、广西、贵州、四川、陕西、甘肃、湖北、湖南、云南等地。还见于印度、缅甸。

发 生 期： 6~8 月。

寄　　主： 禾本科植物。

习　　性： 1 年发生 1 代，成虫多见于夏季。成虫栖息于森林边缘或林内空地。

采集时间： 6 月。

采集地点： 乐业牛坪。

备　　注： 本种各地种群斑纹与交尾器形态均富地域内与地域间变异，因此依不同研究者有时会将其划为分数种，如大艳眼蝶、四川艳眼蝶等。

♂正

♂反

1 cm

朴喙蝶

Libythea lepita
Moore，［1858］

分　　布：全国各地。还见于南亚至东南亚地区。
发 生 期：4~11 月。
寄　　主：榆科朴树、西川朴、珊瑚朴、黑弹朴。
习　　性：1 年发生 2 代，成虫多见于 4~11 月。成虫栖息于中低海拔林缘，常常在山涧、路边吸水或吸食矿物质，不访花，灵敏，飞行快速，通常以成虫越冬。
采集时间：4~11 月。
采集地点：乐业牛坪、雅长兰园、拉雅沟。

♀正

♀反

1 cm

棒纹喙蝶

Libythea myrrha
Godart，1819

分　　布：海南、云南、广西、广东。还见于东南亚至南亚地区。
发 生 期：1~12 月。
寄　　主：榆科朴属四蕊朴。
习　　性：1 年发生多代，成虫全年可见，多见于 5 ~ 6 月。成虫栖息于低海拔林边，常在山涧、路边吸水或吸食矿物质，不访花，灵敏，飞行快速，遇袭会躲于地上枯叶及林内。
采集时间：11 月。
采集地点：乐业一沟。

♀正

♀反

1 cm

虎斑蝶

Danaus genutia

（Cramer，［1779］）

分　　布：广东、广西、台湾、海南、四川、香港、云南等地。还见于斯里兰卡、安达曼群岛、尼科巴群岛、马来半岛、巴拉望岛等。

发 生 期：3~12 月。

寄　　主：萝藦科刺瓜、牛皮消、台湾牛皮消、尖槐藤、萝藦、杯冠藤、青羊参、马利筋、峨眉牛皮消、大丽花、吊灯花、鹅绒藤、小叶娃儿藤、千金藤、大花藤、匙羹藤、蓝叶藤、假防己、牛角瓜、天星藤、夜来香、黑鳗藤及桑科垂叶榕等。

习　　性：1 年发生多代，成虫在南方全年可见。在华南及台湾群集越冬，成虫飞行缓慢，喜访花及在潮湿地面吸水，喜在开阔的环境活动。

采集时间：4~11 月。

采集地点：乐业一沟、二沟、牛坪、红田南干村、花坪、拉雅沟。

♂正

♂反

1 cm

青斑蝶

Tirumala limniace

（Cramer，［1775］）

分　　布： 海南、广东、广西、福建、云南、湖南、湖北、西藏、台湾。还见于印度、缅甸、越南、斯里兰卡、菲律宾等。

发 生 期： 4~12 月。

寄　　主： 萝藦科台湾醉魂藤、台湾南山藤、南山藤、马利筋、球兰、牛角瓜、通光散及豆科吊裙草等植物。

习　　性： 1 年发生多代，成虫在南方全年可见。成虫除冬季外，常生活在低至中海拔山区，5~6 月北部山区有极大的族群量，喜访花，在华南有聚集越冬行为。每年的春天，成虫向东北方向飞行，而秋季则往西南方向移动。幼虫有鲜明的警戒色。

采集时间： 6~11 月。

采集地点： 乐业一沟、二沟、牛坪、花坪。

♂正

♂反

1 cm

蔷青斑蝶

Tirumala septentrionis
（Bulter，1874）

分　　布： 福建、浙江、广东、广西、贵州、四川、江西、香港、台湾、海南、云南等地。还见于东洋区。

发 生 期： 4~12 月。

寄　　主： 夹竹桃科纽子花属、同心结属，萝藦科娃儿藤属、台湾醉魂藤、南山藤，防己科木防己属等。

习　　性： 1 年发生多代，成虫全年可见。成虫在台湾和华南地区有聚集越冬行为，飞行缓慢，喜成群结队访花，亦会在潮湿的地面吸水，多在林区出现。幼虫有鲜明的警戒色。

采集时间： 6~8 月。

采集地点： 乐业一沟、牛坪。

♂正

♂反

1 cm

大绢斑蝶

Parantica sita
Kollar，1844

分　　布： 辽宁、江苏、湖南、江西、四川、贵州、云南、西藏、浙江、福建、广西、广东、海南、香港、台湾等地。还见于印度、尼泊尔、越南、老挝、柬埔寨、泰国、缅甸、阿富汗、孟加拉国、不丹、巴基斯坦、马来西亚、印度尼西亚、朝鲜、日本等。

发 生 期： 4~12 月。

寄　　主： 萝藦科球兰属、天星藤属、马利筋、娃儿藤、牛皮消、白薇、白首乌、牛心朴、镇江白前、球兰、七层楼、台湾球兰、兰屿欧蔓、蓝叶藤、台湾醉魂藤（醉魂藤）、牛奶菜、绒毛芙蓉兰、假防已、土西楼、黑鳗藤等。

习　　性： 1 年发生多代，成虫在南方全年可见，但夏季多局限在海拔较高地区出没，北方则仅在夏季出现。成虫飞行缓慢优雅，喜成群结队访花、吸水或停歇在崖壁上，多在林区出现。幼虫有鲜明的警戒色，有 2 对细长的肉刺。

采集时间： 6 月。

采集地点： 乐业一沟、牛坪、红田南干村、花坪。

♂正

♂反

1 cm

黑绢斑蝶

Parantica melanea

（Cramer，［1775］）

分　　布： 四川、贵州、湖南、福建、广西、广东、云南、海南、西藏、台湾等地。还见于印度尼西亚、马来西亚、柬埔寨、老挝、越南、泰国、缅甸、孟加拉国、不丹、尼泊尔、印度等。

发 生 期： 4~12 月。

寄　　主： 夹竹桃科及萝藦科小叶娃儿藤、牛奶菜等。

习　　性： 1 年发生多代，成虫在春、秋季较常见。成虫飞行较缓慢，路线不规则，喜成群结队访花。

采集时间： 4~8 月。

采集地点： 乐业一沟、二沟、牛坪、花坪、落花生屯。

♂正

♂反

1 cm

绢斑蝶

Parantica aglea
（Stoll，［1782］）

分　　布：四川、广西、西藏、云南、贵州、江西、福建、广东、海南、台湾等地。还见于东洋区的大陆。

发 生 期：4~12 月。

寄　　主：夹竹桃科及萝藦科马利筋属、山白前、台湾醉魂藤、娃儿藤、红花娃儿藤、小叶娃儿藤、古钩藤、兰屿欧蔓等。

习　　性：1 年发生多代。成虫生活在平地至低海拔山区，我国东部和南部地区全年可见，在华南有聚集越冬行为，喜成群结队访花。

采集时间：6~11 月。

采集地点：乐业一沟、牛坪、花坪。

♀正

♀反

1 cm

异型紫斑蝶

Euploea mulciber

（Cramer，［1777］）

分　　布： 西藏、台湾、广西等华南、西南地区。还见于印度、尼泊尔、不丹、孟加拉国、缅甸、马来西亚、印度尼西亚和菲律宾等。

发 生 期： 4~12 月。

寄　　主： 萝藦科弓果藤、白叶藤，夹竹桃科夹竹桃、络石，桑科榕树、台湾榕、糙叶榕、九丁榕、无花果等。

习　　性： 1 年发生多代，成虫全年可见。成虫常出现在越冬的斑蝶群中；喜访花，飞行较缓慢，路线不规则。幼虫有鲜明的警戒色，有 4 对细长的肉刺。

采集时间： 6~11 月。

采集地点： 乐业一沟、牛坪、黄猄洞。

♂正

♂反

1 cm

灰翅串珠环蝶

Faunis aerope

（Leech，1890）

分　　布： 广西、广东、湖南、重庆、四川、贵州、陕西、云南、福建、浙江、西藏等地。还见于越南。

发 生 期： 6~11 月。

寄　　主： 百合科麦冬、木棉科攀枝花、菝葜科菝葜、苏铁科苏铁、棕榈科棕榈、芭蕉科芭蕉属、露兜树科露兜树属、壳斗科栎类等。

习　　性： 1 年发生 1 代，成虫多见于 5~7 月。成虫不访花，喜吸树汁液，飞行路线不规则，常活动于林下阴凉处。

采集时间： 6~11 月。

采集地点： 乐业一沟、二沟、牛坪、拉雅沟。

备　　注： 本种在国内分布广泛，但部分地区的类群在生殖器上差异显著，有可能为独立的种。

♂正

♂反

1 cm

苎麻珍蝶

Acraea issoria

（Hübner，1793）

分　　布： 浙江、福建、江西、湖北、湖南、四川、云南、西藏、广东、广西、海南、台湾。还见于印度、缅甸、泰国、越南、印度尼西亚、菲律宾。

发 生 期： 4~12 月。

寄　　主： 茶树，醉鱼草科醉鱼草属，荨麻科荨麻、苎麻、密花苎麻、野线麻、狭叶楼梯草、雅致雾水葛、糯米团、水麻等。

习　　性： 1 年发生多代，成虫多见于 4~11 月。成虫多飞行于低矮灌木丛，喜在林边寄主旁较空旷的地方出没，飞行速度缓慢，喜阳光、访花；雄蝶互相追逐，自然栖息时翅膀合拢，斑纹及色彩美丽；雌蝶将卵群产在寄主嫩叶背面。

采集时间： 4~11 月。

采集地点： 乐业一沟、二沟、牛坪、红田南干村、花坪、雅长兰园、拉雅沟。

备　　注： 该蝶不同区域间翅斑的变化大。

♀正

♀反

1 cm

红锯蛱蝶

Cethosia biblis

（Drury，［1773］）

分　　布：江西、福建、广东、海南、广西、四川、云南等地。还见于缅甸、泰国、马来西亚、尼泊尔、不丹、印度等。

发 生 期：3~12 月。

寄　　主：西番莲科西番莲属蛇王藤、龙珠果。

习　　性：1 年发生多代，成虫几乎全年可见。野外成虫多活动于林间空地、林缘向阳开阔地带，有时也在平原地区寻找蜜源植物，喜访马缨丹花，有时也取食腐烂水果的汁液、动物粪便。1~5 龄幼虫有强烈的聚集习性，尤以 1~3 龄期的集群密度最大。

采集时间：4~12 月。

采集地点：乐业一沟、牛坪、花坪、拉雅沟。

♂正

♂反

1 cm

斐豹蛱蝶

Argyreus hyperbius
（Linnaeus，1763）

分　　布：福建、浙江、江西、广东、广西、台湾、北京、云南等地。还见于朝鲜、韩国、日本南部、菲律宾、印度尼西亚、老挝、不丹、尼泊尔、阿富汗、印度、巴基斯坦、孟加拉国、斯里兰卡等。

发 生 期：2~12月。

寄　　主：堇菜科犁头草、紫花地丁、三色堇、七星莲、台湾堇菜、台北堇菜，竹亚科慈竹、毛竹、水竹，及豆科、柳树、乌桕、栎、恺木、朴树等。

习　　性：1年发生多代，热带地区全年发生，成虫多见于5~12月。雄蝶飞行迅速而且持久，尤其是在丘陵山区；雌蝶飞行较慢，飞不长距离即停歇下来。雄蝶常在山头的空地盘踞，互相追逐；雌蝶则多在低地出现，在地面找寻适合产卵的地方。

采集时间：4~8月。

采集地点：乐业一沟、牛坪、花坪、雅长兰园。

♀正

♀反

1 cm

老豹蛱蝶

Argyronome laodice
（Pallas，1771）

分　　布： 四川、西藏、云南、浙江、江西、广东、广西、海南、台湾、山西、陕西、山东、河南、湖北等地。还见于中亚及欧洲。

发 生 期： 6~8 月。

寄　　主： 豆科、堇菜科堇菜属紫花堇菜等。

习　　性： 1 年发生 1 代，成虫多见于 6~8 月。该蝶在热带地区全年发生，而在古北区仅秋季发生。雄蝶飞翔迅速而且能持久，尤其在丘陵山区，而雌蝶较慢，飞不长距离即停歇。成虫常常停在潮湿的地上吸水，尤其是稍含咸味的水最能吸引它们。每当烈日当空的炎夏正午，成虫成群聚集在洼陷的山路上、溪边吸水。

采集时间： 6 月。

采集地点： 乐业牛坪。

♀正

♀反

1 cm

银豹蛱蝶

Childrena children
（Gray，1831）

分　　布：中国中部、西部、东部地区及云南大部地区。还见于尼泊尔、印度北部。

发 生 期：4~9 月。

寄　　主：堇菜科犁头草、紫花地丁、柔毛地丁、戟叶地丁、匍匐堇菜等。

习　　性：1 年发生 1 代，成虫多见于 6~7 月。成虫多靠近林区多草的坡地活动，不同海拔高度均有分布，可达海拔 3000 m 以上。

采集时间：6 月。

采集地点：乐业牛坪。

♂正

♂反

1 cm

枯叶蛱蝶

Kallima inachus

（Doyère，1840）

分　　布： 广西等秦岭以南各地区。还见于印度、缅甸、泰国、老挝、马来西亚等地。

发 生 期： 2~12 月。

寄　　主： 爵床科云南马蓝、腺毛马蓝、曲茎兰嵌马蓝、板蓝、大叶马蓝、赛山蓝、台湾鳞花草、台湾马蓝、狗肝菜、黄猄草、黄球花、圆苞金足草等。

习　　性： 1 年发生多代，成虫在南方几乎全年可见。成虫栖息于阔叶林，多出现在林道或溪流旁的树上，喜吸食熟透腐烂的果实、喜吸食树液、动物粪便。

采集时间： 8 月。

采集地点： 乐业一沟。

♂正

♂反

1 cm

琉璃蛱蝶

Kaniska canace

（Linnaeus，1763）

分　　布：中国广泛分布。还见于日本、朝鲜、阿富汗、印度及东南亚地区。

寄　　主：菝葜科菝葜、穿鞘菝葜、马甲菝葜、圆锥菝葜、牛尾菜、尖叶菝葜、肖菝葜，百合科油点草属毛油点草、卷丹，杜鹃、水竹等。

发 生 期：4~11 月。

习　　性：成虫多见于 5~10 月。成虫生活在低、中海拔山区；雄蝶具领域性，嗜食树液、腐败的水果、动物粪便及花蜜。幼虫灰黑色，体表散生淡黄色枝刺，枝刺基部附近为橙色。蛹暗褐色，各节有橙色的棘状突起，端部呈牛角状，样子像垂挂卷曲的枯叶。

采集时间：4~11 月。

采集地点：乐业牛坪。

♂正

♂反

1 cm

大红蛱蝶

Vanessa indica
（Herbst，1794）

分　　布：亚洲和欧洲大部分地区、非洲西北部。

发 生 期：1月、3~12月。

寄　　主：荨麻科苎麻、密花苎麻、黄麻、大麻、荨麻、大蝎子草、异叶蝎子草、青苧麻、咬人荨麻、兰屿水丝麻、宽叶荨麻，榆科榆树，菊科小蓟。

习　　性：长江流域1年发生2~3代，成虫多见于5~10月。以成虫在田埂、杂草丛中、树林或屋檐等处隐蔽越冬。成虫飞翔能力强，喜访花，中午尤其活跃。卵产在苎麻的顶叶上，卵散产，每叶1~2粒。低龄幼虫喜群栖为害，3龄后转移，稍遇触动，有吐丝下垂习性，老熟后将尾端倒挂在包卷的叶里化蛹。

采集时间：4~6月。

采集地点：乐业牛坪、拉雅沟。

♂正

♂反

小红蛱蝶

Vanessa cardui
（Linnaeus，1758）

分　　布：分布于所有温带地区，以及热带地区的山区。
发 生 期：3~12 月。
寄　　主：荨麻科苎麻、兰屿水丝麻、柳叶水麻、大麻、黄麻、芒麻，锦葵科艾纳香属、蒿属、飞廉属、锦葵，菊科宽叶鼠曲草（鼠麹草）、北艾（艾草）、丝棉草、小蓟、牛蒡，紫草科牛舌草属，豆科丁癸草、大豆，堇菜科、忍冬科、杨柳科、桑科、榆科、大戟科、茜草科等。
习　　性：1 年发生多代。广泛分布且有长距离迁飞的能力。成虫在多种植物上吸蜜，特别是菊科植物。幼虫取食超过 100 种植物。
采集时间：4~11 月。
采集地点：乐业花坪、雅长兰园、拉雅沟。

♀正

♀反

1 cm

翠蓝眼蛱蝶

Junonia orithya
（Linnaeus，1758）

分　　布：陕西、河南、江西、湖北、湖南、浙江、云南、四川、重庆、贵州、广西、广东、香港、福建、台湾等地。还见于日本、越南、缅甸、泰国、马来西亚、印度。

发 生 期：1 月、4~12 月。

寄　　主：旋花科番薯，马鞭草科马鞭草，爵床科爵床、假杜鹃、鳞花草，玄参科水蓑衣属、金鱼草、独脚金等。

习　　性：1 年发生多代，成虫多见于 7~10 月。成虫多见于低山地带的路旁、田边、荒芜的草地，喜访花。

采集时间：4~11 月。

采集地点：乐业一沟、牛坪、花坪。

♂正

♂反

1 cm

钩翅眼蛱蝶

Junonia iphita

（Cramer，［1779］）

分　　布： 江苏、浙江、湖南、江西、四川、西藏、广西、广东、海南、台湾等地。还见于斯里兰卡、印度、尼泊尔、不丹、孟加拉国、缅甸、泰国、马来西亚、新加坡、越南、印度尼西亚。

发 生 期： 3~12 月。

寄　　主： 爵床科爵床属、黄球花、兰嵌马蓝、台湾鳞花草、台湾马蓝、赛山蓝。

习　　性： 1 年发生多代，成虫多见于 3~11 月。普遍分布于平地至低海拔的山区。成虫喜欢访花，吸食树汁、腐果，体色近似枯叶或树皮，保护色佳。幼虫体表多棘刺。

采集时间： 4~11 月。

采集地点： 乐业一沟、二沟、牛坪、红田南干村、花坪、雅长兰园、拉雅沟、黄猄洞。

♂正

♂反

1 cm

美眼蛱蝶

Junonia almana
（Linnaeus，1758）

分　　布：福建、浙江、广东、广西、贵州、江西、香港、海南、云南等地。还见于日本、印度、巴基斯坦、斯里兰卡、孟加拉国、尼泊尔、不丹、越南、老挝、柬埔寨、缅甸、泰国、新加坡、马来西亚、印度尼西亚等。

发 生 期：1~12 月。

寄　　主：玄参科旱田草、泥花草、长蒴母草（定经草）、刺齿泥花草、金鱼草、水丁黄，爵床科假杜鹃属、金锦香属、大安水蓑衣、水蓑衣，苋科空心莲子草，车前草科车前、大车前，及马蓝、红草、芦莉草、马鞭草等。

习　　性：1 年发生多代，全年可见。成虫喜在开阔地带活动，常在晴朗时访花，通常有季节型；雄蝶具领域性。

采集时间：4~8 月。

采集地点：乐业一沟、雅长兰园。

♂正

♂反

1 cm

蛇眼蛱蝶

Junonia lemonias
（Linnaeus，1758）

分　　布：海南、广东、广西、云南、台湾、香港等地。还见于越南、缅甸、泰国、印度、马来西亚、菲律宾。

发 生 期：1月、3~12月。

寄　　主：锦葵科白背黄花棯，爵床科瘤子草、假杜鹃、台湾鳞花草、台湾曲蕊马蓝、台湾马蓝、假杜鹃、水蓑衣、赛山蓝等。

习　　性：1年发生多代，成虫多见于3~11月。成虫栖息于较低海拔的林边、田园、荒地等较空旷地方，喜在晴天出没，通常离地面不高，滑翔飞行，较灵敏警惕，发现危险快速逃离，有访花习性。成虫通常有季节型，后翅拟态枯叶颜色。

采集时间：4~8月。

采集地点：乐业一沟、二沟、花坪。

♂正

♂反

1 cm

散纹盛蛱蝶

Symbrenthia lilaea
Hewitson，1864

分　　布： 广东、广西、台湾等华南、西南各省（自治区、直辖市）。还见于印度至印度尼西亚。

发 生 期： 2~12 月。

寄　　主： 荨麻科青苎麻、水麻、苎麻、长梗紫麻、密花苎麻。

习　　性： 1 年发生多代，成虫全年可见，以老熟幼虫越冬。成虫好访白色系花；雄蝶具领域行为，并喜于湿地吸水。

采集时间： 2~11 月。

采集地点： 乐业一沟、牛坪、红田南干村、花坪、拉雅沟。

♀正

♀反

1 cm

直纹蜘蛱蝶

Araschnia prorsoides
（Blanchard，1871）

分　　布：重庆、黑龙江、内蒙古、四川、云南、广西等地。还见于印度、缅甸。

发 生 期：4~11 月。

寄　　主：荨麻。

习　　性：成虫多见于 7~8 月，主要栖息在温带和亚热带森林，身形小巧，飞行迅速，喜在向阳处活动，常在潮湿泥地吸水。

采集时间：4~11 月。

采集地点：乐业牛坪、拉雅沟。

♀正

♀反

1 cm

圆翅网蛱蝶

Melitaea yuenty
Oberthür，1888

分　　布：云南、四川、西藏、广西。
发 生 期：5~7 月。
寄　　主：玄参科植物。
习　　性：1 年发生多代，成虫多见于 5~7 月。成虫栖息于荒地等干燥环境，喜访花。
采集时间：6 月。
采集地点：乐业牛坪。

♂正

♂反

1 cm

大二尾蛱蝶

Polyura eudamippus
（Doubleday，1843）

分　　布：长江以南各省（自治区、直辖市）。还见于印度、缅甸、泰国、老挝、越南、马来西亚、日本等。

发 生 期：4~12 月。

寄　　主：含羞草科合欢属、羊蹄甲属、黄檀属，以及阔裂叶羊蹄甲、亮叶鸡血藤、颌垂豆、老荆藤、阿勃勒、光果翼核木、小叶鼠李、墨点樱桃、榉木等。

习　　性：1 年发生多代，成虫多见于 5~11 月。成虫栖息于中低海拔常绿林边，飞行能力强，灵敏，活跃在开阔向阳处及溪涧。成虫吸食烂果汁、动物粪便等。

采集时间：8 月。

采集地点：乐业一沟。

♂正

♂反

1 cm

二尾蛱蝶

Polyura narcaea

（Hewitson，1854）

分　　布： 湖北、湖南、四川、贵州、广东、广西、云南、台湾、北京、浙江等地。还见于泰国、缅甸、越南、老挝等。

发 生 期： 4~11 月。

寄　　主： 豆科山合欢、阔荚合欢、山槐、胡枝子、笐子梢、黄檀、亮叶猴耳环、紫藤，以及黑樱桃、麻黄、山黄麻、菝葜、朴树等。

习　　性： 1 年发生多代。多在河中裸露的岩石上活动，分布于海拔 700~1000 m。成虫栖息于中低海拔的常绿林边，飞行能力强，灵敏，活跃在开阔向阳处及溪涧。成虫吸食树汁、烂果汁、动物粪便等。

采集时间： 7 月。

采集地点： 乐业牛坪。

♂正

♂反

1 cm

忘忧尾蛱蝶

Polyura nepenthes

（Grose-Smith，1883）

分　　布：海南、广东、广西、福建、四川、江西、浙江等地。还见于越南、缅甸、泰国等。

发 生 期：4~11 月。

寄　　主：豆科猴耳环属、鸡血藤属、合欢属、黄檀、紫藤，鼠李科翼核木等。

习　　性：1 年发生多代。成虫栖息于中低海拔常绿林边，身体粗壮，飞行能力强，灵敏，活跃在开阔向阳处及溪涧。雄蝶有领域性，爱访花，喜吸食树汁、烂果汁、动物粪便等，喜结队到地面吸水。

采集时间：6~8 月。

采集地点：乐业一沟。

♂正

♂反

1 cm

窄斑凤尾蛱蝶

Polyura athamas
（Drury，1773）

分　　布： 华南、西南各省（自治区、直辖市）。还见于越南、缅甸、印度等地。

发 生 期： 4~11 月。

寄　　主： 豆科光荚含羞草（簕仔树）、银合欢、合欢、阔荚合欢、天香藤、朱缨花（美蕊花）、南洋楹、黑荆、银荆等。

习　　性： 1 年发生多代，成虫多见于 4~11 月。成虫少访花，喜吸食树汁、烂果汁、动物粪便等，飞行速度快，路线不规则，常活动于林下、林缘开阔地。

采集时间： 6 月。

采集地点： 乐业一沟、红田南干村。

♂正

♂反

1 cm

罗蛱蝶

Rohana parisatis
（Westwood，1850）

分　　布：福建、海南、香港、广西、云南等地。还见于缅甸、泰国、马来西亚、印度、印度尼西亚等。

发 生 期：4~11 月。

寄　　主：榆科、假玉桂、珊瑚朴、黑弹朴等。

习　　性：1 年发生 2 代至多代，成虫多见于 5~10 月。为偏热带低海拔种类，成虫常见于林中滑翔穿梭，飞行快速，喜欢日光浴，不访花，吸食树汁及腐食。

采集时间：4~11 月。

采集地点：乐业一沟、二沟、牛坪、花坪。

♂正　　♂反

1 cm

爻蛱蝶

Herona marathus
Doubleday，［1848］

分　　布： 海南、广西、云南等地。还见于泰国、马来西亚、越南、老挝、印度等。
发 生 期： 2~12 月。
寄　　主： 榆科朴树、黑弹朴、假玉桂等。
习　　性： 1 年发生多代，成虫几乎全年可见。成虫常于较暗的密林中低飞和日光浴，不访花，喜欢吸取树汁。
采集时间： 11 月。
采集地点： 乐业一沟。

♀正

♀反

1 cm

大紫蛱蝶

Sasakia charonda
（Hewitson，1863）

分　　布： 广西、辽宁、北京、浙江、湖北、台湾等地。还见于日本及朝鲜半岛等地。

发 生 期： 6~7 月。

寄　　主： 榆科黑弹朴、西川朴等。

习　　性： 1 年发生 1 代，成虫多见于 6~7 月。成虫栖息于山地阔叶林等场所，飞行迅速，喜吸食树汁。

采集时间： 6 月。

采集地点： 乐业牛坪。

♂正

♂反

1 cm

黑脉蛱蝶

Hestina assimilis
（Linnaeus，1758）

分　　布： 福建、黑龙江、辽宁、甘肃、河北、山西、陕西、山东、河南、湖北、浙江、江苏、江西、湖南、台湾、广东、广西、四川、云南、西藏。还见于朝鲜、日本。

发 生 期： 4~11 月。

寄　　主： 榆科朴树、西川朴、四蕊朴等。

习　　性： 成虫羽化后白天活动。雄蝶飞行能力强，飞行较高，其飞行活动主要受到寻找雌蝶交尾和访花补充营养的影响；雌蝶飞行能力较差，飞行较低，其飞行活动主要受到寻找寄主植物和访花补充营养的影响。幼虫靠近时彼此用头上的棘刺相互抵触以争夺食物和栖息地；取食时常躲在叶背面，以躲避天敌；排便时，尾棘和最后 1 对腹足上翘。

采集时间： 4 月。

采集地点： 乐业牛坪。

♂正

♂反

1 cm

蒺藜纹脉蛱蝶

Hestina nama
（Doubleday，1844）

分　　布： 广西、海南、重庆、四川、云南等地。还见于东南亚地区。
发 生 期： 4~11 月。
寄　　主： 荨麻科紫麻属水麻等。
习　　性： 成虫多见于 7~8 月，主要栖息在山地阔叶林等场所，飞行快速，喜吸树汁或在湿地吸水。
采集时间： 4~11 月。
采集地点： 乐业一沟。

♀正

♀反

1 cm

秀蛱蝶

Pseudergolis wedah
（Kollar，1844）

分　　布：贵州、云南、浙江、江西、福建、广东、广西、海南、重庆、四川、西藏、台湾等地。还见于印度北部至马来半岛区域。

发 生 期：1~12 月。

寄　　主：大戟科蓖麻，荨麻科水麻、柳叶水麻、长叶水麻等。

习　　性：1 年发生多代，成虫全年可见。成虫栖息于森林边缘，喜在溪流、林窗附近活动，飞行缓慢，常停歇于叶面，喜访花，吸食腐烂果实、粪便。

采集时间：4~11 月。

采集地点：乐业一沟、牛坪、花坪、拉雅沟。

♂正

♂反

1 cm

素饰蛱蝶

Stibochiona nicea

Gray，1846

分　　布： 西藏、四川、云南、广西、广东、海南、福建、浙江、江西等地。还见于印度、泰国、越南、缅甸、老挝、不丹、尼泊尔等地。

发 生 期： 5~8 月。

寄　　主： 荨麻科冷水花属等。

习　　性： 1 年发生多代，成虫多见于 5~9 月。成虫栖息于中低海拔地区，常在林间或向阳路边飞行、停留，飞行距离不远，雄蝶有领域性，不访花，以树木汁液和腐食为主，偶尔到地面吸水和矿物质。

采集时间： 6 月。

采集地点： 乐业一沟。

♂正

♂反

1 cm

网丝蛱蝶

Cyrestis thyodamas
（Boisduval，1846）

分　　布：四川、西藏、云南、浙江、江西、广东、广西、海南、台湾。还见于日本、缅甸、泰国、马来西亚、印度。

发 生 期：1~12 月。

寄　　主：桑科榕属、菩提树、大榕树、琴叶榕、变叶榕、斜叶榕、菲律宾榕、垂叶榕、榕树、无花果、台湾榕等。

习　　性：1 年发生多代，成虫全年可见。成虫栖息于森林边缘，喜在溪流、林窗附近活动，迂回盘绕飞行，常停歇于地面、裸石等处，喜访花，吸食腐烂果实、粪便。

采集时间：7 月。

采集地点：乐业一沟。

♂正

♂反

1 cm

波蛱蝶

Ariadne ariadne
（Linnaeus，1763）

分　　布： 华南、西南地区。还见于东洋区、伊朗至印度尼西亚等。
发 生 期： 1~12 月。
寄　　主： 大戟科蓖麻、铁苋菜。
习　　性： 1 年发生多代，成虫几乎全年可见。成虫飞行缓慢，偏好开阔的草原或农地生境，多在寄主附近出现，有访花习性，休息时翅平展。
采集时间： 7~11 月。
采集地点： 乐业一沟、牛坪、花坪、拉雅沟。

♂正

♂反

1 cm

妵蛱蝶

Chalinga elwesi
（Obertühr，1884）

分　　布： 四川、云南、广西等地。
发 生 期： 4~9 月。
寄　　主： 松属植物。
习　　性： 成虫多见于6~9月，栖息于高海拔山地较空旷的石林，常在山岩边吸水，也会到低处吸水，在树顶上来回飞行，动作灵敏。
采集时间： 4~7 月。
采集地点： 乐业一沟、花坪。

♂正

♂反

1 cm

红斑翠蛱蝶

Euthalia lubentna
（Cramer，1777）

分　　布： 云南、海南、广西、广东、福建。还见于印度、缅甸、泰国、越南、老挝、马来西亚等地。

发 生 期： 1~12 月。

寄　　主： 桑寄生科桑寄生、红花寄生、广寄生、鞘花及豆科油楠等。

习　　性： 1 年发生多代，成虫多见于 6~10 月。成虫栖息于林地，在开阔向阳的树顶活动，喜吸食腐烂的水果、树液、动物粪便，有访花习性。

采集时间： 8 月。

采集地点： 乐业一沟。

♂正

♂反

1 cm

双色带蛱蝶

Athyma cama

Moore, ［1858］

分　　布： 海南、广东、广西、云南、福建、台湾、浙江、江西、四川等地。还见于老挝、不丹、越南、泰国、印度、马来西亚等地。

发 生 期： 5~11 月。

寄　　主： 大戟科算盘子、披针叶算盘子、甜叶算盘子、香港算盘子、台闽算盘子等。

习　　性： 1 年发生多代，成虫多见于 5~11 月。成虫喜在日光下活动，飞翔迅速，行动敏捷，有的在休息时不停地扇动翅膀，有的飞翔力强，常在叶上将翅展开；多数种类在低地可见，但有些种为高山林区特产；常吸花蜜或积水，喜吸过熟果实的汁液、流出的树汁或牛马粪的汁液。

采集时间： 8 月。

采集地点： 乐业一沟。

♂正

♂反

1 cm

相思带蛱蝶

Athyma nefte

（Cramere，［1780］）

分　　布： 海南、广东、广西、云南、福建、台湾、浙江、江西、四川等。还见于老挝、不丹、越南、泰国、印度、马来西亚等地。

发 生 期： 5~11 月。

寄　　主： 大戟科算盘子属毛果算盘子。

习　　性： 1 年发生多代，成虫多见于 5~11 月。成虫栖息于山地林边，喜在较空旷地方活动，喜阳光，飞行迅速。主要以树汁、腐烂果实、粪便为食，常落于地面吸水及矿物质。

采集时间： 7~11 月。

采集地点： 乐业一沟。

♂正

♂反

1 cm

新月带蛱蝶

Athyma selenophora

（Kollar，［1844］）

分　　布： 海南、广东、广西、云南、福建、台湾、浙江、江西、四川等地。还见于不丹、越南、泰国、印度、马来西亚、印度尼西亚。

发 生 期： 5~11 月。

寄　　主： 茜草科玉叶金花、水锦树、风箱树、心叶木、水团花等。

习　　性： 1 年发生多代，成虫多见于 5~7 月。成虫栖息于山地林边，喜在较空旷地方活动，喜阳光，飞行迅速。主要以树汁、腐烂果实、粪便为食，常落于地面吸水及矿物质。

采集时间： 6~11 月。

采集地点： 乐业一沟、牛坪。

♂正

♂反

1 cm

东方带蛱蝶

Athyma orientalis
Elwes，1888

分　　布： 广东、广西、云南、福建、台湾、浙江、江西、四川等。还见于老挝、不丹、越南、泰国等地。

发 生 期： 4~10 月。

寄　　主： 小檗科十大功劳属植物。

习　　性： 1 年发生 2~3 代，成虫多见于 5~11 月。成虫栖息于山地林边，喜在较空旷地方活动，喜阳光，飞行迅速，主要以树汁、腐烂果实、粪便为食，常落于地面吸水及矿物质。

采集时间： 4~8 月。

采集地点： 乐业一沟、牛坪。

备　　注： 有学者将该种列为虬眉带蛱蝶亚种处理，也有学者认为该种为虬眉带蛱蝶季节型，目前较准确的鉴定靠幼虫形态决定（《中国蝶类志》定为虬眉带蛱蝶）。

♂正

♂反

1 cm

玉杵带蛱蝶

Athyma jina

Moore，［1858］

分　　布：广西、广东、浙江、江西、福建、台湾、四川、云南、新疆等地。还见于老挝、缅甸、越南、泰国等地。

发 生 期：4~10 月。

寄　　主：忍冬科山银花、金银花等。

习　　性：1 年发生 2~3 代，成虫多见于 5~11 月。成虫栖息于山地林边，喜在较空旷地方活动，喜阳光，飞行迅速。主要以树汁、腐烂果实、粪便为食，常落于地面吸水。

采集时间：4~11 月。

采集地点：乐业一沟、牛坪、红田南干村、拉雅沟。

♀正

♀反

1 cm

穆蛱蝶

Moduza procris
（Cramer，［1777］）

分　　布：云南、海南、广东、广西、香港等地。还见于印度、泰国、越南、缅甸、老挝、马来西亚等地。

发 生 期：5~12月。

寄　　主：茜草科钩藤、水锦树、黄梁木、杧果等植物。

习　　性：1年发生多代，成虫多见于6~10月。成虫栖息于低海拔林边，雄蝶有领域性，常活动于开阔向阳林边树上。成虫喜日光浴，灵敏机警，有访花行为，喜吸食树汁，偶尔落地吸水。

采集时间：6月。

采集地点：乐业一沟。

♀正

♀反

1 cm

断环蛱蝶

Neptis sankaru
（Kollar，1844）

分　　布：陕西、河南、四川、云南、浙江、福建、江西、广西、广东等地。还见于泰国、缅甸、越南、老挝、尼泊尔等。

发 生 期：4~10 月。

寄　　主：蔷薇科枇杷。

习　　性：1 年发生多代，成虫多见于 5~8 月。成虫喜在日光下活动，飞翔迅速，行动敏捷，有的在休息时翅在不停地扇动，有的飞翔力强，常在叶上将翅展开。多数种类在低地可见，但有些种为高山林区特产，常吸花蜜或积水，有些种喜吸过熟果实汁液、流出的树汁或牛马粪的汁液。

采集时间：4~10 月。

采集地点：乐业一沟、落花生屯。

♂正

♂反

1 cm

卡环蛱蝶

Neptis cartica
Moore，1872

分　　布： 浙江、福建、海南、广西、云南、广东。还见于印度、泰国、越南、缅甸、老挝、不丹、尼泊尔等地。

发 生 期： 5~10 月。

寄　　主： 壳斗科黧蒴锥等。

习　　性： 1 年发生多代，成虫多见于 5~6 月。成虫栖息于林边、田园、荒地等较空旷地方。成虫常喜欢在晴天出没，喜访花。

采集时间： 6 月。

采集地点： 乐业花坪。

♂正

♂反

1 cm

珂环蛱蝶

Neptis clinia
Moore，1872

分　　布： 四川、西藏、云南、贵州、湖北、湖南、重庆、江西、江苏、浙江、海南、广东、广西、福建等地。还见于印度、缅甸、泰国、老挝、越南、马来西亚等地。

发 生 期： 2~12 月。

寄　　主： 梧桐科苹婆属、假苹婆、翻白叶树及榆科黑弹朴等。

习　　性： 1 年发生多代，部分地区成虫几乎全年可见。成虫栖息在草原、农田、荒地等环境中，适应性强。成虫喜在阳光充足的地方活动，有访花习性，吸食动物粪便或腐烂的水果。

采集时间： 4~11 月。

采集地点： 乐业一沟、牛坪、拉雅沟。

♂正

♂反

1 cm

娜环蛱蝶

Neptis nata
Moore，1857

分　　布： 广东、海南、广西、台湾、云南、陕西、河南、四川、西藏、香港等地。还见于印度、缅甸、越南、马来西亚等地。

发 生 期： 4~11 月。

寄　　主： 豆科、榆科、大戟科，及三裂叶野葛、野葛、山黄麻、四蕊朴、禾串树。

习　　性： 1 年发生多代，部分地区成虫几乎全年可见。成虫适应性强，在草原、农田、荒地等环境中出没，喜在潮湿处吸水和访花。

采集时间： 6~11 月。

采集地点： 乐业一沟、二沟、牛坪。

♂正

♂反

1 cm

娑环蛱蝶

Neptis soma

Moore，1857

分　　布： 四川、西藏、云南、浙江、福建、海南、广东、广西、重庆、贵州、香港等地。还见于印度、泰国、越南、缅甸、老挝、马来西亚、菲律宾、印度尼西亚等地。

发 生 期： 4~11 月。

寄　　主： 豆科鸡血藤、多花紫藤、三叶崖豆藤，榆科四蕊朴，及异色山黄麻、野葛等。

习　　性： 1 年发生多代，成虫多见于 4~11 月。成虫栖息在温带和热带森林，适应性强，在林边、开阔地、草原、农田、荒地等环境中也有发现其踪影。成虫喜欢在阳光充足的地方活动，喜访花。

采集时间： 6 月。

采集地点： 乐业二沟、牛坪。

♂正

♂反

1 cm

小环蛱蝶

Neptis sappho
（Pallas，1771）

分　　布： 东北、北京、河北、河南、陕西、湖北、四川、甘肃、云南、广西、台湾。还见于日本、朝鲜、印度、巴基斯坦及欧洲。

发 生 期： 1~12 月。

寄　　主： 豆科大山黧豆、五脉山黧豆、胡枝子、香豌豆、槐树、紫藤、笐子梢，榆科珊瑚朴等。

习　　性： 1 年发生 2 代，部分地区成虫全年可见，以老熟幼虫越冬。成虫主要栖息在温带和热带森林，适应性较强，在草原、农田、荒地等环境中也能发现其踪影，吸食动物粪便或腐烂果实。

采集时间： 4~11 月。

采集地点： 乐业一沟、牛坪、拉雅沟。

♀正

♀反

1 cm

耶环蛱蝶

Neptis yerburii
（Butler，1886）

分　　布： 陕西、安徽、四川、西藏、云南、贵州、湖北、湖南、重庆、江西、江苏、浙江、海南、广东、福建、广西等地。还见于印度、缅甸、泰国、马来西亚等地。

发 生 期： 2~12月。

寄　　主： 榆科朴属南洋朴等。

习　　性： 1年发生多代，部分地区成虫几乎全年可见。成虫栖息在草原、农田、荒地等环境中，适应性强。成虫喜在阳光充足的地方活动，有访花习性，吸食动物粪便或腐烂的水果。

采集时间： 4~11月。

采集地点： 乐业一沟、牛坪、拉雅沟。

♂正

♂反

1 cm

中环蛱蝶

Neptis hylas

（Linnaeus，1758）

分　　布： 广东、海南、广西、台湾、云南、陕西、河南、四川。还见于印度、缅甸、越南、马来西亚、苏门答腊岛。

发 生 期： 4~10 月。

寄　　主： 椴树科扁担杆属（扁担属）、刺蒴麻属、黄麻属，木棉科木棉属，豆科胡枝子、假地豆、小槐花、葫芦茶、直生刀豆、短豇豆、含羞草、合欢、瓦子草（波叶山蚂蝗），以及马尾松、花梨、芒果、楸、柏、青冈栎、桤木、油茶、板栗、野葛、葛麻姆、三裂叶野葛（葛藤）、山黄麻等。

习　　性： 1 年发生多代，部分地区成虫全年可见。成虫在树丛、庭园、潮湿的林沟、丘陵地和高山均可见；起飞前振翅，然后悠闲地在离地不高处滑翔或在林中阳光处飞行；在潮湿的石砾地吸水时，平展双翅，休息时则关合双翅。

采集时间： 4~10 月。

采集地点： 乐业一沟、牛坪、红田南干村、花坪、雅长兰园、拉雅沟。

♀正

♀反

1 cm

金蟠蛱蝶

Pantoporia hordonia

（Stoll，［1790］）

分　　布： 海南、广西、广东、台湾、香港等地。还见于印度至马来西亚等地区。

发 生 期： 4~12 月。

寄　　主： 苏木科、含羞草科及豆科天香藤、印度相思树、猴耳环等。

习　　性： 1 年发生多代，成虫多见于 4~11 月。成虫栖息于林缘、灌木丛、溪谷等环境，喜访花、吸水。

采集时间： 6~11 月。

采集地点： 乐业一沟、牛坪、落花生屯。

♂正

♂反

1 cm

灰蝶科

波蚬蝶

Zemeros flegyas

（Cramer，［1780］）

分　　布：浙江、江西、湖北、福建、广东、广西、海南、重庆、四川、贵州、云南、西藏等地。还见于泰国、缅甸、越南、老挝等地。

发 生 期：1~12月。

寄　　主：紫金牛科鲫鱼胆、杜茎山等。

习　　性：1年发生多代，成虫多见于3~12月。成虫栖息于林下、林缘、溪谷等，飞行能力不强，喜访花或在地面吸水。

采集时间：4~11月。

采集地点：乐业一沟、二沟、牛坪、红田南干村、花坪、落花生屯、拉雅沟。

♂正

♂反

1 cm

布衣云灰蝶

Miletus boisduvali
Moore

分　　布：广西。还见于印度、新几内亚。
发 生 期：4~11 月。
寄　　主：肉食性，捕食多种蚜总科昆虫。
习　　性：1 年发生多代，成虫多见于 4~10 月。成虫栖息于天然林内，多在幼虫食物附近出现，飞行缓慢，带跳跃感，会访花及吸食蚜虫分泌的糖液。
采集时间：11 月。
采集地点：乐业一沟、牛坪。

♀正

♀反

1 cm

蚜灰蝶

Taraka hamada

（Druce，1875）

分　　布：除西北干燥地区及西藏高寒地区外的大部分地区。还见于日本及朝鲜半岛、印度北部等地。

发 生 期：1~12 月。

寄　　主：肉食性，捕食蚜虫和蚧壳虫，竹午蚜和竹蚜类的居竹舞蚜、竹色蚜、竹梢凸唇斑蚜、居竹伪角蚜等昆虫。

习　　性：1 年发生多代，成虫全年可见，但数量因蚜虫多寡而变动。栖息在有蚜虫的环境，如竹林、森林、溪流边，有时可见于公园、庭院等场所。

采集时间：6~11 月。

采集地点：乐业一沟。

♂正

♂反

1 cm

尖翅银灰蝶

Curetis acuta

Moore，1877

分　　布： 河南、陕西、浙江、江西、湖北、福建、海南、西藏、广西、四川、云南、台湾。还多见于日本、老挝、越南、印度等。

发 生 期： 4~12 月。

寄　　主： 豆科和蝶形花科的紫藤、网络鸡血藤野葛、山葛、葛麻姆等。

习　　性： 1 年发生多代，成虫在南方全年可见。成虫飞行快速有力，多在森林或林缘活动，会访花和吸食兽粪，亦会到地面吸水。

采集时间： 4~8 月。

采集地点： 乐业一沟、牛坪、拉雅沟。

♂正

♂反

1 cm

玛灰蝶

Mahathaio ameria

Hewitson，1862

分　　布： 福建、海南、广东、广西、台湾等地。还见于印度、泰国、越南、缅甸、老挝、马来西亚、印度尼西亚等地。

发 生 期： 1~12月。

寄　　主： 大戟科石岩枫。

习　　性： 1年发生多代，成虫多见于5~10月，在部分地区几乎全年可见。成虫栖息于亚热带和热带森林，飞行缓慢，喜欢停憩在较低矮的枝叶上，以腐食为主。

采集时间： 6月。

采集地点： 乐业一沟。

♂正

♂反

1 cm

豆粒银线灰蝶

Spindasis syama
（Horsfield，1829）

分　　布： 广东、广西、福建、台湾、香港等地。还见于东洋区大部分地区。

发 生 期： 3~11 月。

寄　　主： 薯蓣科、山黄麻、朴树、大青、鬼针草、大青菊、细叶馒头果、桑寄生、檵木、枇杷、番石榴等。

习　　性： 1 年发生多代，成虫全年可见。成虫栖息在阔叶林，喜访花，属森林性蝴蝶。

采集时间： 4~11 月。

采集地点： 乐业一沟、拉雅沟、落花生屯。

♂正

♂反

1 cm

银线灰蝶

Spindasis lohita

（Horsfield，1829）

分　　布： 浙江、广西、广东、四川、福建、香港和台湾等地。还见于印度至缅甸等东洋区大陆部分地区。

发 生 期： 1~12 月。

寄　　主： 细叶馒头果、红背山麻杆、细叶馒头果、薯莨、菝葜等。

习　　性： 1 年发生多代，成虫全年可见。森林性蝴蝶，成虫多见于开阔地活动，喜访花。幼虫与举腹蚁关系密切而复杂。

采集时间： 6~8 月。

采集地点： 乐业一沟、花坪。

♂正

♂反

1 cm

绿灰蝶

Artipe eryx

（Linnaeus，1771）

分　　布： 广西、安徽、四川、云南、贵州、湖北、湖南、重庆、江西、江苏、浙江、海南、广东、江西、福建、香港等地。还见于印度、缅甸、泰国、老挝、马来西亚等地。

发 生 期： 4~11 月。

寄　　主： 茜草科栀子、狭叶栀子、乌墨、黄枝子。

习　　性： 1 年发生多代，部分地区成虫几乎全年可见。成虫栖息于密林下，喜在开阔地活动，有访花习性。

采集时间： 6~8 月。

采集地点： 乐业花坪、落花生屯。

♂正

♂反

古铜彩灰蝶

Heliophorus brahma

（Moore，［1857］）

分　　布： 四川、西藏、云南、浙江、江西、广东、广西、海南、台湾等地。还见于缅甸、泰国、马来西亚、老挝、印度等。

发 生 期： 4~11 月。

寄　　主： 蓼科火炭母等。

习　　性： 1 年发生多代，成虫多见于 6~9 月。主要栖息于亚热带及热带森林的边缘地区，喜欢在向阳的地方活动，常停栖在灌木上。

采集时间： 4~11 月。

采集地点： 乐业一沟、牛坪、花坪、拉雅沟、落花生屯。

♂正

♂反

1 cm

浓紫彩灰蝶

Heliophorus ila
（de Niceville & Martin，［1896］）

分　　布： 福建、江西、广东、广西、重庆、四川、贵州、陕西、河南、海南、台湾。还见于印度至印度尼西亚等。

发 生 期： 1~12 月。

寄　　主： 蓼科火炭母等。

习　　性： 1 年发生多代，成虫在部分地区全年可见。主要栖息于亚热带及热带森林的边缘地区，喜欢在向阳的地方活动，常停栖在灌木上。

采集时间： 4~11 月。

采集地点： 乐业一沟、牛坪、红田南干村、花坪、拉雅沟、落花生屯。

♂正

♂反

1 cm

曲纹拓灰蝶

Caleta roxus

（Godart，［1824］）

分　　布：云南、海南、广东、广西。还见于越南、泰国、缅甸、菲律宾、马来西亚、印度尼西亚。

发 生 期：1~12 月。

寄　　主：鼠李科植物等。

习　　性：1 年发生多代，成虫全年可见。成虫飞行缓慢，多在低海拔出现。雄蝶喜聚集在溪边或潮湿的地面吸水。

采集时间：4~11 月。

采集地点：乐业一沟、拉雅沟。

♂正

♂反

1 cm

细灰蝶

Syntarucus plinius
（Fabricius，1793）

分　　布：福建、海南、广东、广西、香港等地。还见于缅甸、泰国、马来西亚、老挝、印度等地。

发 生 期：3~11 月。

寄　　主：百花丹科白花丹、乌面马、田菁。

习　　性：1 年发生多代。成虫多见于初春与深秋两季。成虫栖息于较空旷的花丛、灌木或荒地，常于幼虫寄主植物旁活动，喜访花，偶见到地面吸水。

采集时间：4~11 月。

采集地点：乐业一沟、花坪、拉雅沟。

♂正

♂反

1 cm

雅灰蝶

Jamides bochus
（Stoll，［1782］）

分　　布： 广西、广东、台湾等长江以南各省（自治区、直辖市）。还见于印度至澳大利亚。

发 生 期： 1~12 月。

寄　　主： 蝶形花科和豆科野葛、厚果崖豆藤、猪屎豆、滨豇豆狭刀豆（肥猪豆）、葛藤、水黄皮、三尖叶猪屎豆等。

习　　性： 1 年发生多代，成虫多见于 5~12 月。成虫主要栖息于开阔环境，林内较阴处也见行踪，多活跃于灌木林及低矮草丛，停息时候翅不张开，喜访花和到地面吸水。

采集时间： 4~8 月。

采集地点： 乐业一沟、牛坪、花坪、拉雅沟。

♀正

♀反

1 cm

净雅灰蝶

Jaes pura
（Moore），new rec.

分　　布： 广西、海南。还见于马来西亚、美国。
发 生 期： 11月。
寄　　主： 不详。
习　　性： 1年发生多代，成虫多见于6~11月。成虫栖息于林边开阔的环境，多活跃于灌木丛及低矮草丛，停息时候翅不张开，喜访花。
采集时间： 11月。
采集地点： 乐业一沟。
备　　注： 该蝶在《中国蝶类志》中有详图，但在《中国蝴蝶图鉴》中没有。

♂正

♂反

1 cm

锡冷雅灰蝶

Jamides celeno

（Cramer，［1775］）

分　　布： 海南、广东、广西、云南、香港、台湾等地。还见于越南、印度、缅甸、泰国、新加坡等。

发 生 期： 1月、4~12月。

寄　　主： 豆科贼小豆、水黄皮、菱叶镰扁豆等。

习　　性： 1年发生多代，成虫多见于4~11月。成虫栖息于林边开阔的环境，多活跃于灌木丛及低矮草丛，停息时翅不张开，喜访花和到地面吸水。

采集时间： 6~11月。

采集地点： 乐业一沟、花坪、拉雅沟。

♂正

♂反

1 cm

亮灰蝶

Lampides boeticus
Linnaeus，1767

分　　布： 陕西、云南、四川、浙江、江西、福建、广西等地。还见于欧洲中南部、非洲北部、亚洲南部、南太平洋诸岛、澳大利亚。

发 生 期： 1~12月。

寄　　主： 豆科豆薯、合欢、羊蹄甲、刺槐、猪屎豆、大猪屎豆、田菁、望江南等的花和荚果。

习　　性： 1年发生多代，成虫全年可见。成虫飞行能力强，喜欢阳光充足和开阔的地方，在较疏的林地和稻田常见。幼虫通常以豆科植物的果荚和花序为食，当果实或花序凋谢坠落时，其蛹往往也在地缝里形成。

采集时间： 4~11月。

采集地点： 乐业一沟、二沟、牛坪、花坪、拉雅沟。

♂正

♂反

1 cm

棕灰蝶

Euchrysops cnejus
（Fabricius，1798）

分　　布： 江苏、四川、广东、广西、台湾等地。还见于印度等南亚到东亚地区。

发 生 期： 5~10 月。

寄　　主： 豆科豇豆、贼小豆、狭刀豆等。

习　　性： 1 年发生多代，成虫多见于 5~10 月。成虫多在开阔地带活动，有时喜逗留在低洼处，吸吮水分或飞翔在花丛中吸吮花蜜，停息时多半张开双翅，喜把卵产在寄主的花上。

采集时间： 6 月。

采集地点： 乐业花坪。

♂正

♂反

1 cm

酢浆灰蝶

Zizeeria maha

（Kollar，［1844］）

分　　布： 广东、广西、福建等地。还见于印度至澳大利亚等。

发 生 期： 1~12 月。

寄　　主： 酢浆草科黄花酢浆草等。

习　　性： 1 年发生多代，成虫全年可见。成虫常于草地、树林边以及路旁低飞，也常出现在各种草本植物旁，喜访花。

采集时间： 4~11 月。

采集地点： 乐业一沟、牛坪、花坪、拉雅沟、落花生屯。

♂正

♂反

1 cm

蓝灰蝶

Everes argiades
（Pallas，1771）

分　　布： 广东、广西、海南、云南、香港、台湾等地。还见于欧洲至亚洲东北部的广大地区，以及东南亚和南亚的北部地区。

发 生 期： 3~11 月。

寄　　主： 铁扫帚、白车轴草、大花野豌豆、截叶铁扫帚、白车轴草、葎草等。

习　　性： 1 年发生多代，成虫多见于 3~11 月。成虫栖息于较为开阔的林缘、草地、农田或城市绿地，喜访花。

采集时间： 4~8 月。

采集地点： 乐业一沟、牛坪、花坪、拉雅沟。

♂正

♂反

1 cm

波太玄灰蝶

Tongeia potanini
（Alphéraky，1889）

分　　布： 河南、陕西、四川、浙江、福建、广西等地。还见于印度、泰国、越南、缅甸、老挝、马来西亚等地。

发 生 期： 4~8 月。

寄　　主： 苦苣苔科长蒴苣苔属苦苣苔、光萼唇柱苣苔。

习　　性： 1 年发生多代，成虫多见于 4~8 月。成虫栖息于亚热带和热带森林，飞行缓慢，喜欢在森林边缘、多石的山坡或崩塌区活动，停栖时喜欢左右晃动身体，常在湿地上吸水，也访花。

采集时间： 6~8 月。

采集地点： 乐业一沟。

♂正

♂反

1 cm

驳灰蝶

Bothrinia nebulosa

（Leech，1890）

分　　布：陕西、广西。

发 生 期：5~8 月。

寄　　主：不详。

习　　性：成虫多见于 5~8 月。成虫飞行能力不强，喜访花和在潮湿地表吸水。

采集时间：4~6 月。

采集地点：乐业花坪、拉雅沟。

♂正

♂反

1 cm

钮灰蝶

Acytolepis puspa
（Horsfield，［1828］）

分　　布： 福建、云南、浙江、江西、广东、广西、海南、香港、台湾等地。还多见于亚洲南部地区及新几内亚等地。

发 生 期： 1~12 月。

寄　　主： 苏铁、山樱花、玫瑰、土密树、台闽算盘子（细叶馒头果）、毛果算盘子、禾串树、龙眼、四蕊朴、美蕊花、多花紫藤、风筝果等。

习　　性： 成虫栖息于林缘、溪谷等环境，喜访花；雄蝶有群集吸水及登峰的习性。

采集时间： 6~11 月。

采集地点： 乐业一沟、花坪。

♂正

♂反

1 cm

妩灰蝶

Udara dilecta

（Moore，1879）

分　　布：安徽、福建、浙江、江西、广东、广西、云南、海南、香港、台湾等地。此外还见于缅甸、泰国、马来西亚、老挝、印度等。

发 生 期：4~11 月。

寄　　主：多种壳斗科植物。

习　　性：1 年发生多代，成虫在亚热带地区多见于 5~10 月，热带地区几乎全年可见。成虫栖息于林缘、溪谷等，喜访花或在地面吸水。

采集时间：4~11 月。

采集地点：乐业一沟、牛坪、花坪、雅长兰园、拉雅沟。

♂正

♂反

1 cm

弄蝶科

纬带趾弄蝶

Hasora vitta

（Butler，1870）

分　　布： 四川、重庆、云南、广西、广东、香港等地。还见于尼泊尔、不丹、印度、泰国、越南、缅甸、老挝、马来西亚、印度尼西亚、菲律宾、新几内亚、澳大利亚等地。

发 生 期： 4~8 月。

寄　　主： 豆科海南红豆、鸡血藤、亮叶鸡血藤、水黄皮、锈毛密花豆。

习　　性： 1 年发生多代，成虫全年可见。成虫栖息于常绿阔叶林、多于黄昏活动，有访花习性。

采集时间： 6 月。

采集地点： 乐业一沟。

♂正

♂反

1 cm

绿弄蝶

Choaspes benjaminii
（Guérin-Ménéville, 1843）

分　　布：云南、陕西、河南、江西、广西、广东、浙江、福建、香港和台湾等地。还见于日本、印度、泰国、越南、缅甸、老挝、斯里兰卡、朝鲜半岛等地。

发 生 期：3~11 月。

寄　　主：清风藤科泡花树属红柴枝、细花泡花树、清风藤。

习　　性：1 年发生多代，成虫多见于 3~11 月。成虫栖息于阔叶林，主要于黄昏及阴天活动，有访花习性。

采集时间：11 月。

采集地点：乐业花坪。

♂正

♂反

1 cm

梳翅弄蝶

Ctenoptilum vasava
（Moore，1865）

分　　布： 浙江、江苏、广东、广西、贵州、四川、江西、河南、海南、云南等地。还见于泰国、缅甸、老挝、越南等。

发 生 期： 3~6月。

寄　　主： 多种豆科植物。

习　　性： 1年发生多代，成虫多见于3~6月。成虫栖息于林缘、溪谷等，喜访花、吸食鸟粪或在地面吸水，休憩时翅膀摊平。

采集时间： 4~6月。

采集地点： 乐业一沟、牛坪。

♀正

♀反

1 cm

角翅弄蝶

Odontoptilum angulata
（Felder，1862）

分　　布：海南、云南、广西、广东、香港等地。还见于印度、泰国、越南、缅甸、老挝、马来西亚、印度尼西亚、菲律宾等地。

发 生 期：4~11 月

寄　　主：椴树科破布木。

习　　性：1 年发生多代。成虫多见于 4 ~ 11 月。成虫栖息于热带森林的林缘或溪谷环境，有访花和在地面吸水习性。

采集时间：6~8 月。

采集地点：乐业一沟、花坪。

♀正

♀反

1 cm

黑弄蝶

Daimio tethys
（Ménétriès，1857）

分　　布：东北、华北及南方地区。还见于俄罗斯、日本、斯里兰卡、印度、缅甸、泰国、中南半岛、马来半岛、苏门答腊岛、爪哇岛、婆罗洲等。

发 生 期：3~11 月。

寄　　主：薯蓣科薯蓣、日本薯蓣、褐苞薯蓣及天南星科芋。

习　　性：1 年发生多代，部分地区全年可见。成虫栖息于林缘、溪谷等，喜访花，吸食粪便或吸水。

采集时间：4~8 月。

采集地点：乐业一沟、牛坪、花坪。

♀正

♀反

1 cm

腌翅弄蝶

Astictopterus jama
C. & R. Felder，1860

分　　布：浙江、湖北、江西、福建、台湾、广东、广西、香港、云南等地。还见于越南、缅甸、泰国、马来西亚、印度尼西亚、印度、斯里兰卡等。

发 生 期：3~11 月。

寄　　主：禾本科芒等。

习　　性：1 年发生多代，成虫多见于 4~11 月。成虫栖息于林缘、树下、溪谷等，有访花的习性。

采集时间：4~7 月。

采集地点：乐业一沟、拉雅沟、落花生屯。

♂正

♂反

1 cm

曲纹袖弄蝶

Notocrypta curvifascia

（C. & R. Fekder，1862）

分　　布：云南、海南、西藏、四川、广西、广东、浙江、福建、香港、台湾等地。还见于日本及东南亚、南亚等地。

发 生 期：3~11 月。

寄　　主：姜科月桃、华山姜、姜花、姜黄、郁金、艳山姜、山姜、美山姜。

习　　性：1 年发生多代，成虫多见于 3 ~ 11 月，热带地区常年可见。成虫栖息于林缘、林下、溪谷等环境，有访花和在地面吸水习性。

采集时间：11 月。

采集地点：乐业花坪。

♀正

♀反

1 cm

姜弄蝶

Udaspes folus

（Cramer，［1775］）

分　　布：江苏、浙江、海南、广西、广东、福建、香港、台湾等地。还见于日本、印度、缅甸、泰国、越南、老挝、马来西亚、印度尼西亚等地。

发 生 期：4~11 月。

寄　　主：姜科生姜、光叶山姜（山月桃）、月桃、蘘荷。

习　　性：1 年发生多代，成虫多见于 4~11 月。成虫栖息于林缘、农田、溪谷等环境，喜访花或在地面吸水。

采集时间：11 月。

采集地点：乐业一沟、花坪。

♀正

♀反

1 cm

尖翅黄室弄蝶

Potanthus palnia
（Evans，1914）

分　　布：福建、浙江、广东、广西、贵州、海南、云南、四川、香港等地。还见于泰国、缅甸、越南等。

发 生 期：3~11 月。

寄　　主：禾本科植物。

习　　性：1 年发生多代，成虫多见于 4~11 月。成虫栖息于林缘、溪谷或草地，喜访花。

采集时间：6~11 月。

采集地点：乐业一沟。

♀正

♀反

1 cm

孔子黄室弄蝶

Potanthus confucius
（C. & R. Felder，1862）

分　　布： 江苏、浙江、海南、广西、广东、福建、香港、台湾等地。还见于印度、缅甸、泰国、越南、老挝、马来西亚、印度尼西亚等。

发 生 期： 4~11 月。

寄　　主： 禾本科毛马唐、白茅、芒、竹子、水稻、玉米、高粱等。

习　　性： 1 年发生多代，成虫多见于 4~11 月，热带地区全年可见。成虫栖息于林缘、农田、草地、溪谷等环境，喜访花和在地面吸水。

采集时间： 6~11 月。

采集地点： 乐业一沟。

♀正

♀反

1 cm

宽纹黄室弄蝶

Potanthus pava
（Fruhstorfer，1911）

分　　布：福建、浙江、广东、广西、贵州、江西、香港、海南、云南等地。还见于印度、泰国、缅甸、越南等。
发 生 期：3~11 月。
寄　　主：禾本科白茅、五节芒等。
习　　性：1 年发生多代，成虫几乎全年可见。成虫栖息于林缘、溪谷或草地，喜访花。
采集时间：4~11 月。
采集地点：乐业一沟、花坪。

♂正

♂反

1 cm

印度谷弄蝶

Pelopidas assamensis
（de Nicéville，1882）

分　　布：福建、浙江、广东、广西、贵州、江西、香港、海南、云南等地。还见于泰国、缅甸、越南等。

发 生 期：3~12 月。

寄　　主：禾本科棕叶芦等。

习　　性：1 年发生多代，成虫多见于 3~12 月。成虫栖息于林缘、山谷或荒地环境，飞行迅速，有访花和在地面吸水的习性。

采集时间：11 月。

采集地点：乐业花坪。

♂正

♂反

1 cm

白弄蝶

Abraximorpha davidii

（Mabille，1876）

分　　布：福建、浙江、江苏、广东、广西、贵州、四川、江西、香港、海南、云南等地。还见于泰国、缅甸、老挝、越南等。

发 生 期：4~11 月。

寄　　主：蔷薇科高粱泡、木莓等。

习　　性：1 年发生多代，成虫多见于4~11 月。成虫栖息于林缘、溪谷等，喜欢停栖在叶片背面，有访花习性，喜吸食鸟粪或在地面吸水。

采集时间：6 月

采集地点：乐业花坪。

♂正

♂反

1 cm

雅长蝴蝶名录

凤蝶科 Papilionidae

暖曙凤蝶 *Atrophaneura aidonea* Doubleday，1845

瓦曙凤蝶 *Atrophaneura varuna*（White，1842）

白斑麝凤蝶 *Byasa dasarada*（Moore，1858）

粗绒麝凤蝶 *Byasa nevilli*（Wood-Mason，1882）

巴黎翠凤蝶 *Papilio paris* Linnaeus，1758

碧凤蝶 *Papilio bianor* Cramer，1777

达摩凤蝶 *Papilio demoleus* Linnaeus，1758

柑橘凤蝶 *Papilio xuthus* Linnaeus，1767

宽带凤蝶 *Papilio nephelus* Boisduval，1836

蓝凤蝶 *Papilio protenor* Cramer，1775

美凤蝶 *Papilio memnon* Linnaeus，1758

斑凤蝶 *Papilio clytia* Linnaeus，1758

玉斑凤蝶 *Papilio polytes* Linnaeus，1758

玉带凤蝶 *Papilio polytes* Linnaeus，1758

燕凤蝶 *Lamproptera curia*（Fabricius，1787）

宽带青凤蝶 *Graphium cloanthus*（Westwood，1845）

青凤蝶 *Graphium sarpedon*（Linnaeus，1758）

统帅青凤蝶 *Graphium agamemnon*（Linnaeus，1758）

纹凤蝶 *Paranticopsis macareus*（Godart，1819）

客纹凤蝶 *Paranticopsis xenocles*（Doubleday，1842）

绿凤蝶 *Pathysa antiphates*（Cramer，[1775]）

粉蝶科 Pieridae

梨花迁粉蝶 *Catopsilia pyranthe*（Linnaeus，1758）

黑角方粉蝶 *Dercas lycorias*（Doubkeday，1842）

橙翅方粉蝶 *Dercas nina* Mell，1913

橙黄豆粉蝶 *Colias fifieldii* Ménétriès，1855

安迪黄粉蝶 *Eurema andersoni*（Moore，1886）

北黄粉蝶 *Eurema mandarina*（de l' Orza，1869）

檗黄粉蝶 *Eurema blanda*（Boisduval，1836）

尖角黄粉蝶 *Eurema laeta*（Boisduval，1836）

宽边黄粉蝶 *Eurema hecabe*（Linnaeus，1758）

无标黄粉蝶 *Eurema brigitta*（Stoll，［1870］）

橙粉蝶 *Ixias pyrene*（Linnaeus，1764）

报喜斑粉蝶 *Delias pasithoe*（Linnaeus，1767）

红腋斑粉蝶 *Delias acalis*（Godart，1819）

艳妇斑粉蝶 *Delias belladonna*（Fabricius，1793）

白翅尖粉蝶 *Appias albina*（Boisduval，1836）

兰西尖粉蝶 *Appias lalassis* Grose-Smith，1887

锯粉蝶 *Prioneris thestylis*（Doubleday，1842）

大翅绢粉蝶 *Aporia largeteaui* Oberthür，1881

黑脉园粉蝶 *Cepora nerissa*（Fabricius，1775）

青园粉蝶 *Cepora nadina*（Lucas，1852）

菜粉蝶 *Pieris rapae*（Linnaeus，1758）

东方菜粉蝶 *Pieris canidia*（Sparrman，1768）

黑纹粉蝶 *Pieris melete* Ménétriès，1857

云粉蝶 *Pontia edusa*（Fabricius，1777）

鹤顶粉蝶 *Hebomoia glaucippe*（Linnaeus，1758）

蛱蝶科 Nymphalidae

睇暮眼蝶 *Melanitis phedima*（Cramer，1780）

暮眼蝶 *Melanitis leda*（Linnaeus，1758）

白带黛眼蝶 *Lethe confusa* Aurivillius，1897

波纹黛眼蝶 Lethe rohria Fabricius

曲纹黛眼蝶 Lethe chandica Moore［1858］

玉带黛眼蝶 *Lethe verma*（Kollar，［1844］）

阿芒荫眼蝶 *Neope armandii*（Oberthür，1876）

蒙链荫眼蝶 *Neope muirheadi*（C. Felder & R. Felder，1862）

蓝斑丽眼蝶 *Mandarinia regalis*（Leech，1889）

岳眼蝶 *Orinoma damaris* Gray，1846

拟稻眉眼蝶 *Mycalesis francisca*（Stoll，［1780］）

小眉眼蝶 *Mycalesis mineus*（Linnaeus，1758）

平顶眉眼蝶 *Mycalesis panthaka* Fruhstorfer，1908

僧袈眉眼蝶 Mycalesis sangaica Butler

大理石眉眼蝶 *Mycalesis malsara*（Stoll，［1780］）

上海眉眼蝶 *Mycalesis sangaica* Butler，1877

虹矍眼蝶 *Ypthima iris Leech*，1891

华夏矍眼蝶 *Ypthima sinica* Uémura & Koiwaya，2000

矍眼蝶 *Ypthima balda*（Fabricius，1775）

密纹矍眼蝶 *Ypthima multistriata* Butler，1883

台湾矍眼蝶 *Ypthima formosana* Fruhstorfer，1908

幽矍眼蝶 *Ypthima conjuncta* Leech，1891

卓矍眼蝶 *Ypthima zodia* Butler，1871

多型艳眼蝶 *Callerebia polyphemus*（Oberthür，1876）

朴喙蝶 *Libythea lepita* Moore，［1858］

棒纹喙蝶 *Libythea myrrha* Godart，1819

虎斑蝶 *Danaus genutia*（Cramer，［1779］）

青斑蝶 *Tirumala limniace*（Cramer，［1775］）

蔷青斑蝶 *Tirumala septentrionis*（Bulter，1874）

大绢斑蝶 *Parantica sita Kollar*，［1844］

黑绢斑蝶 *Parantica melanea*（Cramer，［1775］）

绢斑蝶 *Parantica aglea*（Stoll，［1782］）

蓝点紫斑蝶 *Euploea midamus*（Linnaeus，1758）

异型紫斑蝶 *Euploea mulciber*（Cramer，［1777］）

灰翅串珠环蝶 *Faunis aerope*（Leech，1890）

苎麻珍蝶 *Acraea issoria*（Hübner，1793）

红锯蛱蝶 *Cethosia biblis*（Drury，［1773］）

斐豹蛱蝶 *Argyreus hyperbius*（Linnaeus，1763）

老豹蛱蝶 *Argyronome laodice* Pallas，1771

银豹蛱蝶 *Childrena children*（Gray，1831）

枯叶蛱蝶 *Kallima inachus*（Doyère，1840）

幻紫斑蛱蝶 *Hypolimnas bolina*（Linnaeus，1758）

琉璃蛱蝶 *Kaniska canace*（Linnaeus，1763）

黄沟蛱蝶 *Polygonia c-aureum*（Linnaeus，1758）

大红蛱蝶 *Vanessa indica*（Herbst，1794）

小红蛱蝶 *Vanessa cardui*（Linnaeus，1758）

翠蓝眼蛱蝶 *Junonia orithya*（Linnaeus，1758）

钩翅眼蛱蝶 *Junonia iphita*（Cramer，［1779］）

黄赏眼蛱蝶 *Junonia hierta*（Fabricius，1798）

美眼蛱蝶 *Junonia almana*（Linnaeus，1758）

蛇眼蛱蝶 *Junonia lemonias*（Linnaeus，1758）

散纹盛蛱蝶 *Symbrenthia lilaea* Hewitson，1864

直纹蜘蛱蝶 *Araschnia prorsoides*（Blanchard，1871）

圆翅网蛱蝶 *Melitaea yuenty*（Oberthür，1888）

大二尾蛱蝶 *Polyura eudamippus*（Doubleday，1843）

二尾蛱蝶 *Polyura narcaea*（Hewitson，1854）

凤尾蛱蝶 *Polyura arja* Felder，1867

忘忧尾蛱蝶 *Polyura nepenthes*（Grose-Smith，1883）

针尾蛱蝶 *Polyura dolon*（Westwood，1847）

窄斑凤尾蛱蝶 *Polyura athamas*（Hübner，1793）

罗蛱蝶 *Rohana parisatis*（Westwood，1850）

爻蛱蝶 *Herona marathus* Doubleday，［1848］

帅蛱蝶 *Sephisa chandra*（Moore，［1858］）

大紫蛱蝶 *Sasakia charonda*（hewitson，1863）

黑脉蛱蝶 *Hestina assimilis*（Linnaeus，1758）

蒺藜纹脉蛱蝶 *Hestina nama*（Doubleday，1844）

秀蛱蝶 *Pseudergolis wedah*（Kollar，1844）

素饰蛱蝶 *Stibochiona nicea*（Gray，1846）

网丝蛱蝶 *Cyrestis thyodamas* Boisduval，1846

波蛱蝶 *Ariadne ariadne*（Linnaeus，1763）

姹蛱蝶 *Chalinga elwesi* Obertühr，1884

红斑翠蛱蝶 *Euthalia lubentna*（Cramer，1777）

虬眉带蛱蝶 *Athyma opalina*（kollar，[1844]）

双色带蛱蝶 *Athyma cama*（Moore，[1858]）

相思带蛱蝶 *Athyma nefte*（Cramere，[1780]）

新月带蛱蝶 *Athyma selenophora*（Kollar，[1844]）

东方带蛱蝶 *Athyma oriontalis* Elwes，1888

玉杵带蛱蝶 *Athyma jina* Moore，[1858]

穆蛱蝶 *Moduza procris*（Cramer，1777）

断环蛱蝶 *Neptis's sankara*（kdlar，1844）

卡环蛱蝶 *Neptis cartica* Moore，1872

珂环蛱蝶 *Neptis clinia* Moore，1872

娜环蛱蝶 *Neptis nata* Moore，1857

娑环蛱蝶 *Neptis soma* Moore，1858

小环蛱蝶 *Neptis sappho*（Pallas，1771）

耶环蛱蝶 *Neptis yerburii* Butler，1886

中环蛱蝶 *Neptis hylas*（Linnaeus，1758）

金蟠蛱蝶 *Pantoporia hordonia*（Stoll，[1790]）

灰蝶科 Lycaenidae

波蚬蝶 *Zemeros flflegyas*（Cramer，[1780]）

大斑尾蚬蝶 *Dodona egeon*（Westwood，1851）

布衣云灰蝶 Miletus boisduvali Moore

蚜灰蝶 *Taraka hamada* Druce，1875

尖翅银灰蝶 *Curetis acuta* Moore，1877

玛灰蝶 *Mahathaio ameria* Hewitson，1862

酥灰蝶 *Surendra quercetorum*（Moore，1858）

豆粒银线灰蝶 *Spindasis syama*（Horsfifield，［1829］）

银线灰蝶 *Spindasis Lohita*（Horsfifield，1829）

安灰蝶 *Ancema ctesia*（Hewitson，1865）

乌洒灰蝶 *Satyrium w-album*（Knoch，1782）

绿灰蝶 *Artipe eryx* Linnaeus，1771

古铜彩灰蝶 *Heliophorus brahma*（Moore，［1857］）

彩灰蝶 *Heliophorus epixles*（Godart，［1824］）

浓紫彩灰蝶 *Heliophorus ila*（de Niceville & Martin，［1896］）

曲纹拓灰蝶 *Caleta roxus*（Godart，［1824］）

细灰蝶 *Syntarucus plinius*（Fabricius，1793）

贺娜灰蝶 *Nacaduba hermus*（C. Felder，1860）

佩灰蝶 *Petrelaea dana*（Nicéville，1877）

雅灰蝶 *Jamides bochus*（Stoll，［1782］）

净雅灰蝶 *Jaes pura*（Moore），new rec.

锡冷雅灰蝶 *Jamides celeno*（Cramer，［1775］）

咖灰蝶 *Catochrysops strabo* Fabricius，1793

亮灰蝶 *Lampides boeticus* Linnaeus，1767

棕灰蝶 *Euchrysops cnejus*（Fabricius，1798）

吉灰蝶 *Zizeeria karsandra*（Moore，1865）

酢酱灰蝶 *zizeeria maha*（Kollar，［1844］）

蓝灰蝶 *Everes argiades*（Pallas，1771）

长尾蓝灰蝶 *Everes lacturnus*（Godart，［1824］）

波太玄灰蝶 *Tongeia potanini*（Alpheraky，1889）

驳灰蝶 *Bothrinia nebulosa*（Leech，1890）

钮灰蝶 *Acytolepis puspa*（Horsfifield，［1828］）

韫玉灰蝶 *Celatoxia marginata*（de Nicéville，1884）

妩灰蝶 *Udara dilecta*（Moore，1879）

赖灰蝶 *Lestranicus transpectus*（Moore，1879）

大紫琉璃灰蝶 *Celastrina oreas*（Leech，1893）

弄蝶科 Hesperiidae

纬带趾弄蝶 *Hasora vitta*（Butler，1870）

绿弄蝶 *Choaspes benjaminii*（Guérin-Ménéville，1843）

黄窗弄蝶 *Coladenia laxmi*（de Niceville）

布窗弄蝶 *Coladenia laxmi*（de Nicéville，1889）

梳翅弄蝶 *Ctenoptilum vasava*（Moore，1865）

角翅弄蝶 *Odontoptilum angulata*（Felder，1862）

黑弄蝶 *Daimio tethys*（Ménétriès，1857）

窄翅弄蝶 *Apostivtopterus fuliginosus* Leech，1893

河伯锷弄蝶 *Aeromachus inachus*（Ménétriés，1859）

宽锷弄蝶 *Aeromachus jhora*（de Nicéville，1885）

紫斑锷弄蝶 *Aeromachus catocyanea*（Mabille，1876）

奥弄蝶　*Ochus subvittatus*（Moore，1878）

拟槁琵弄蝶 *Pithauria linus* Evans，1937

腌翅弄蝶 *Astictopterus jama* C. & R. Felder，1860

曲纹袖弄蝶 *Notocrypta curvifascia*（C. & R. Fekder，1862）

玛弄蝶 *Matapa aria*（Moore，1865）

姜弄蝶 *Udaspes folus*（Cramer，［1775］）

黄裳肿脉弄蝶 *Zographetus satwa*（de Nicéville，1884）

尖翅黄室弄蝶 *Potanthus palnia*（Evans，1914）

孔子黄室弄蝶 *Potanthus confucius*（C. & R. Felder，1862）

宽纹黄室弄蝶 *Potanthus pava*（Fruhstorfer，1911）

西藏黄室弄蝶 *Potanthus tibetana* Huang，2002

断纹黄室弄蝶 *Potanthus trachalus*（Mabille，1878）

刺纹孔弄蝶 *Polytremis zina*（Evans，1932）

黄纹孔弄蝶 *Polytremis lubricans*（Herrich-Sch & aum；ffer，1869）

融纹孔弄蝶 *Polytremis discreta*（Elwes et Edwards，1897）

透纹孔弄蝶 *Polytremis pellucida*（Murray，1875）

曲纹黛弄蝶 *Lethe chandica* Moore，［1858］

印度谷弄蝶 *Pelopidas assamensis*（de Nicéville，1882）

烟弄蝶 *Psolos fuligo*（Mabille），new rec

白弄蝶 *Abraximorpha davidii*（Mabille，1876）

竹长标弄蝶 *Telicota bambusae*（Moore，1878）

参考文献

[1] 武春生，徐堉峰. 中国蝴蝶图鉴［M］. 福州：海峡书局，2017.

[2] 周尧. 中国蝶类志［M］. 郑州：河南科学技术出版社，1994.

[3] 陈锡昌，杨骏，刘广. 野外观蝶：广州蝴蝶生态图鉴［M］. 广州：广东科技出版社，2017.

[4] 蒲正宇，史军义，姚俊，等. 燕凤蝶生物学特性及人工养殖技术初探［J］. 江苏农业科学，2013，41(6)：202-203.

[5] 洪榆宸，陈素琼. 温度对青带凤蝶生长发育之影响［J］. 宜兰大学生物资源学刊，2017(13)：23-43.

[6] 翟卿，曾迅，韩卫丽，等. 柑橘凤蝶形态特征及年生活史研究［J］. 信阳师范学院学报(自然科学版)，2014，27(4)：515-519.

[7] 陈兴永，温瑞贞，陈海东. 广州地区达摩凤蝶生物学特性观察［J］. 昆虫知识，2004，41(2)：169-171.

[8] 张鸿，郑吉发. 美凤蝶生物学特性初步研究［J］. 现代园艺，2012(7)：45-46.

[9] 罗庆怀，黎家文，赵宏，等. 贵阳地区豆野螟和亮灰蝶的生物学特性［J］. 昆虫知识，2003(4)：329-334.

[10] 曹润欣，范琳琳，许再福. 报喜斑粉蝶华南亚种的形态特征和生物学特性研究［J］. 环境昆虫学报，2010，32(4)：520-524，551.

[11] 蒲正宇，史军义，姚俊，等. 艳妇斑粉蝶生物学特性研究［J］. 生态科学，2014，33(2)：386-389.

[12] 陈萌萌，华春，虞蔚岩，等. 南京地区黑纹粉蝶生物学特性研究［J］. 安徽农业科学，2008(26)：11327-11328，11332.

[13] 刘士旺. 暮眼蝶研究初报［J］. 昆虫知识，1984(3)：113-115.

[14] 刘曙雯，嵇保中，居峰，等. 蒙链荫眼蝶的初步研究［J］. 江苏林业科技，2007(2)：36-39.

[15] 陈祯，曹永，周元清，等. 虎斑蝶实验种群生物学特征研究［J］. 应用昆虫学报，2017，54(2)：279-291.

[16]张雅林，房丽君，周尧. 中国绢斑蝶属分类研究（鳞翅目，蛱蝶科，斑蝶亚科）[J]. 动物分类学报，2008（1）：157-163.

[17]蒲正宇，史军义，姚俊，等. 青斑蝶幼虫和蛹的营养成分分析［J］. 食品科技，2014，39（5）：60-63，68.

[18]蒲正宇，史军义，姚俊，等. 苎麻珍蝶人工繁育技术［J］. 浙江农业科学，2013（7）：890-893.

[19]李子忠，金道超. 梵净山景观昆虫［M］. 贵州：贵州科技出版社，2006.

[20]李子忠，金道超. 茂兰景观昆虫［M］. 贵阳：贵州科技出版社，2002.

[21]丁玉洲，许明修，刘小林等. 蚜灰蝶对竹蚜虫的捕食效应［J］. 林业科学，2010，46（6）：93-96.

[22]吴海盼，李俊，陆温，郑霞林 . 广西蝴蝶种类多样性及其区系分析（一）[J]. 广西植保，2019，32（1）：1-5.

[23]吴海盼，李俊，陆温，郑霞林 . 广西蝴蝶种类多样性及其区系分析（二）[J]. 广西植保，2019，32（2）：1-9.

[24]吴海盼，李俊，陆温，郑霞林 . 广西蝴蝶种类多样性及其区系分析（三）[J]. 广西植保，2019，32（3）：1-15.

[25]吴海盼，李俊，陆温，郑霞林 . 广西蝴蝶种类多样性及其区系分析（四）[J]. 广西植保，2019，32（4）：1-16.

[26]顾茂彬，陈佩珍 . 海南岛蝴蝶［M］. 北京：中国林业出版社，1997.

[27]朱天文，刘良源 . 大翅绢粉蝶生物学特性观察和防治［J］. 江西科学，2017，35（6）：864-866.

[28]sunwenhao90. 中国蝶类寄主名录［DB/OL］.https：//www.douban.com/group/topic/37990099/?_i=9301584inPIK5r

[29]王亚东，吴金慧子，吴婧婧等 . 安徽省蝶类新纪录（2016—2019年）[J]. 滁州学院学报 . 2022，24（5）：9-16.